建设工程质量检测人员培训丛书

胡贺松　丛书主编

钢结构检测

罗旭辉　主编

陈志坚　梁天宇　副主编

中国建筑工业出版社

图书在版编目（CIP）数据

钢结构检测 / 罗旭辉主编；陈志坚，梁天宇副主编.
北京：中国建筑工业出版社，2025.5. -- (建设工程质
量检测人员培训丛书 / 胡贺松主编). -- ISBN 978-7
-112-31145-3

Ⅰ. TU391

中国国家版本馆 CIP 数据核字第 2025H4Y098 号

责任编辑：杨　允　梁瀛元
责任校对：姜小莲

建设工程质量检测人员培训丛书

胡贺松　丛书主编

钢结构检测

罗旭辉　主编

陈志坚　梁天宇　副主编

*

中国建筑工业出版社出版、发行（北京海淀三里河路 9 号）

各地新华书店、建筑书店经销

国排高科（北京）人工智能科技有限公司制版

河北京平诚乾印刷有限公司印刷

*

开本：787 毫米×1092 毫米　1/16　印张：12　字数：292 千字

2025 年 7 月第一版　　2025 年 7 月第一次印刷

定价：**38.00** 元

ISBN 978-7-112-31145-3

（44671）

丛书编委会

主　　编：胡贺松

副 主 编：刘春林　孙晓立

编　　委：刘炳凯　梅爱华　罗旭辉　杨勇华　宋雄彬
　　　　　李祥新　邢宇帆　张宪圆　余佳琳　李　昂
　　　　　张　鹏　李　淼

本书编委会

主　　编：罗旭辉

副 主 编：陈志坚　梁天宇

编　　委：严晓庆　黄杰坤　梁永松　陈志坚　陈会龙

　　　　　陈勇发　赵轩进　唐　涛　丁洪涛　王金盛

　　　　　何宇聪　梁天宇　赖俊荣　蒋明烨

序

建设工程质量检测监测，乃现代工程建设之命脉，承载着守护工程安全与品质之重任。随着建造技术革新浪潮奔涌、材料与工艺迭代日新月异，检测行业亦面临前所未有的挑战与机遇。检测工作不仅需为工程全生命周期提供精准数据支撑，更需以创新之力推动行业向绿色化、智能化、标准化纵深发展。在此背景下，培养兼具理论素养与实践能力的专业人才，实为行业高质量发展的关键基石。

"建设工程质量检测人员培训丛书"应势而生。此丛书由广州市建筑科学研究院集团有限公司倾力编纂，凝聚四十余载技术积淀，博采行业前沿成果，体系严谨、内容丰实。丛书十二分册，涵盖建筑材料、主体结构、节能幕墙、市政道路、桥梁地下工程等核心领域，更兼实验室管理与安全监测等专项内容，既立足基础，又紧扣时代脉搏。尤为可贵者，各分册编写皆以"问题导向"为纲，如《主体结构及装饰装修检测》聚焦施工质量隐患诊断，《工程安全监测》剖析风险预警技术，《建筑节能检测》则直指"双碳"目标下的绿色建筑评价体系。凡此种种，皆彰显丛书对行业痛点的精准回应与前瞻引领。

丛书之价值，尤在其"知行合一"的编撰理念。检测工作绝非纸上谈兵，须以理论为帆，以实践为舵。书中每一章节以现行标准为导向，辅以数据图表与操作流程详解，使晦涩标准化为生动指南。编写团队更汇集数位资深专家，其笔锋既透学术之严谨，又蕴实战之智慧。

"工欲善其事，必先利其器"。此丛书之意义，非止于知识传递，更在于精神传承。书中字里行间，浸润着编者"精益求精、守正创新"的行业匠心。冀望读者持此卷为舟楫，既夯实检测技术之根基，亦淬炼科学思维之锐度，以专业之力筑牢工程品质长城，以敬畏之心守护万家灯火安然。愿此书成为检测同仁案头常备之典，助力中国建造迈向更高、更远、更强之境。

是为序。

博士、教授级高工

前　言

FOREWORD

根据住房和城乡建设部颁布的《建设工程质量检测机构资质标准》（建质规〔2023〕1号）的相关规定，建设工程质量检测机构资质分为两个类别，即综合资质和专项资质，其中专项资质共分为建筑材料及构配件、主体结构及装饰装修、钢结构、地基基础、建筑节能、建筑幕墙、市政工程材料、道路工程、桥梁及地下工程9个专项。本书针对钢结构专项的技术要求，详细介绍了钢材及焊接材料、焊缝、钢结构防腐及防火涂装、高强度螺栓及普通紧固件、构件位置与尺寸、结构构件性能、金属屋面的检测方法、标准要求及工程应用。本书内容以现行国家标准、行业标准为依据，针对检测过程中的难点、要点，全面系统阐述了钢结构检测相关的方法、检测依据、抽检比例、技术要求、试验方法、检测报告模板等，既介绍了钢结构检测常用的方法和对象，又重点突出了钢结构检测的自身特点。

本书内容涵盖了钢结构专项的7个大类。本书由罗旭辉主编，陈志坚统稿，共分为7章：第1章钢材及焊接材料、第4章高强度螺栓及普通紧固件，由严晓庆、黄杰坤、梁永松编写；第2章焊缝，由陈志坚编写；第3章钢结构防腐及防火涂层，由陈会龙、陈勇发编写；第5章构件位置与尺寸，由赵轩进编写；第6章结构构件性能，由唐涛、丁洪涛编写；第7章金属屋面，由王金盛、何宇聪编写。梁天宇、赖俊荣、蒋明烨对本书编写提出了多处宝贵的修改意见。

本书内容以钢结构检测技术为主线，强调实际应用，选择了部分典型案例进行介绍，并力图反映钢结构检测技术发展的最新动态、钢结构检测行业的实际要求。在内容安排上，本书在充实理论基础的前提下，突出理论、技术和应用之间的联系，使之更加实用。本书可作为钢结构试验检测员的资格考核培训教材，也可供各企事业单位技术人员、质量监督管理人员、大专院校相关专业师生学习参考。

特别感谢丛书总主编胡贺松教授级高级工程师的策划、组织和指导，本书的编写工作还得到了有关领导、专家的大力支持和帮助，并提出了宝贵意见，感谢所有为本书编写提供专业建议和技术支持的专家学者。

由于编者水平有限且编写时间仓促，书中难免存在不足之处，恳请广大读者批评指正，欢迎反馈宝贵意见和建议。

目　录

CONTENTS

第1章

钢材及焊接材料

钢材是一种重要的建筑材料，主要由铁和碳组成，通常还包含其他合金元素，如锰、硅、铬、镍等。这些元素的加入可以改善钢材的物理和化学性质，使其适应不同的应用需求。钢材具有以下特点：高强度，钢材的强度高于大多数其他工程材料，使其能够承受较大的荷载。良好的塑性，在受力过程中，钢材能够发生塑性变形而不立即断裂。韧性，钢材在受力时能够吸收能量而不断裂，这使得它在冲击荷载下表现良好。可焊接性，许多类型的钢材可以通过焊接与其他钢材连接。加工性，钢材可以通过锻造、轧制、切割等工艺成型。耐腐蚀性，特别是不锈钢和其他特殊合金钢，具有较高的耐腐蚀性。可回收性，钢材可以被回收并重新熔炼，减少资源浪费。钢材以其优异的力学性能、加工性能和经济性在建筑领域中得到广泛应用。

1.1 钢材

1.1.1 分类

（1）按外形可分为型材、板材、管材、棒材、金属制品。
（2）按品质可分为普通钢、优质钢、高级优质钢。
（3）按化学成分可分为非合金钢、低合金钢、合金钢、不锈钢。
（4）按成型方法可分为锻钢、铸钢、热轧钢、冷拉钢。
（5）按加工方法可分为热轧型钢、冷轧钢、热处理钢材。

1.1.2 检测依据与抽样数量

（1）检测依据见表 1.1-1。

检测依据

表 1.1-1

检测项目	评定依据	检测参数	检测依据
钢材	根据产品对应标准选择，常用标准有： GB/T 1591—2018 GB/T 700—2006 GB/T 19879—2023 GB/T 714—2015 GB/T 3280—2015 GB/T 4237—2015	拉伸性能	GB/T 228.1—2021
		厚度偏差	根据产品对应标准选择
		断面收缩率	GB/T 228.1—2021
		硬度	GB/T 230.1—2018、GB/T 231.1—2018、GB/T 4340.1—2024
		冲击韧性	GB/T 229—2020
		冷弯性能	GB/T 232—2024

（2）试样规格、数量如表 1.1-2 所示。

试样规格、数量 表 1.1-2

检测参数		检测标准	试样规格	试样数量
拉伸性能（屈服强度、抗拉强度、伸长率）		GB/T 228.1—2021	拉伸试验：切取 1 根长度不小于 2 倍拉伸夹头长度 + $5.65\sqrt{S_0}$（S_0 为钢筋公称横截面积）的试样	根据产品标准确定具体数量，一般为一根
厚度偏差		GB 50205—2020	原板尺寸	根据产品标准确定具体数量，一般为逐块
硬度	GB/T 230.1—2018	GB/T 230.1—2018	对于用金刚石圆锥压头进行的试验，试样或试验层厚度应不小于残余压痕深度的 10 倍；对于用球压头进行的试验，试样或试验层的厚度应不小于残余压痕深度的 15 倍。除非可以证明使用较薄的试样对试验结果没有影响	根据产品标准确定具体数量
	GB/T 4340.1—2024	GB/T 4340.1—2024	试样或试验层厚度至少应为压痕对角线长度的 1.5 倍。试验后试样背面不应出现可见变形压痕	根据产品标准确定具体数量
	GB/T 231.1—2018	GB/T 231.1—2018	试样厚度至少应为压痕深度的 8 倍，试验后试样背面不应出现可见变形压痕	根据产品标准确定具体数量
冲击韧性		GB/T 229—2020	V 形缺口：公称厚度不小于 6mm 或公称直径不小于 12mm 的钢材应做冲击试验，冲击试验标准试样尺寸为 10mm × 10mm × 55mm；当钢材不足以制取标准试样时，应采用 10mm × 7.5mm × 55mm 或 10mm × 5mm × 55mm 小尺寸试样，开口角度为 45°，深度 2mm。 U 形缺口：公称厚度不小于 12mm 或公称直径不小于 16mm 的钢材应做冲击试验，冲击试验标准试样尺寸为 10mm × 10mm × 55mm，深度 5mm	根据产品标准确定具体数量，V 形缺口一般为 3 个，U 形缺口一般为 2 个
断面收缩率		GB/T 228.1—2021	带延伸部分试样：当 15mm ≤ 钢板厚度 ≤ 25mm 时，$d_0 = 6$mm 或 $d_0 = 10$mm。当 25mm < 钢板厚度 ≤ 80mm 时，$d_0 = 10$mm。试样的平行长度（L_0）应至少为 $1.5d_0$ 且不超过 80mm，热影响区应在平行长度（L_0）之外（取样如图 1.1-1 所示）。不带延伸部分试样：当 20mm < 钢板厚度 ≤ 40mm 时，$d_0 = 6$mm 或 $d_0 = 10$mm；当 40mm < 钢板厚度 ≤ 400mm 时，$d_0 = 10$mm。 试样的平行长度（L_0）应至少为 $1.5d_0$ 且不超过 80mm。 对于厚度 ≤ 80mm 的钢板，试样总长度（L_t）应等于产品全厚度（t）。对于 80mm < 钢板厚度 ≤ 400mm 的钢板，试样总长度（L_t）应使平行长度（L_c）包括产品厚度 1/4 位置（取样如图 1.1-2 和图 1.1-3 所示）	根据产品标准确定具体数量，一般为 3 个
冷弯性能		GB/T 232—2024	支辊式弯曲设备：长度应不小于弯心直径 + 2.5 倍钢筋直径 单边滚动式弯曲设备：根据弯心直径的弯头大小选择长度（建议取不小于弯头周长的长度）	根据产品标准确定具体数量

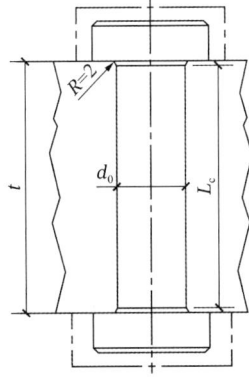

t—钢板厚度；R—倒角半径；d_0—试样直径；L_c—试样平行长度

图 1.1-1　断面收缩率样品取样图 1（单位：mm）

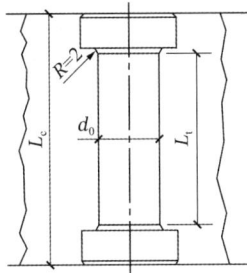

L_t—试样总长度；R—倒角半径；d_0—试样直径；L_c—试样平行长度

图 1.1-2　断面收缩率样品取样图 2（单位：mm）

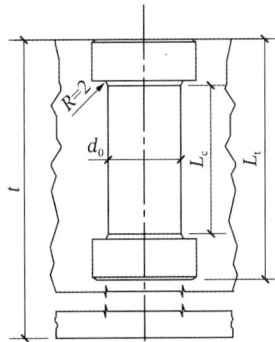

t—钢板厚度；R—倒角半径；d_0—试样直径；L_c—试样平行长度；L_t—试样总长度

图 1.1-3　断面收缩率样品取样图 3（单位：mm）

1.1.3　检测参数简介

（1）拉伸性能（屈服强度、抗拉强度、伸长率）：拉伸性能是评估钢材力学性能的基础指标之一。结构设计中钢材强度的取值依据为屈服强度；评价钢材使用可靠性的依据为强屈比（抗拉强度和屈服强度的比值），强屈比越大安全性越好；通常用伸长率表示钢材的塑性指标，伸长率越大，钢材塑性越大。为了确保钢结构的安全性和稳定性，必须对钢材的抗拉性能进行检验。

（2）厚度偏差：钢板厚度对钢结构的强度和刚度有直接影响。在设计和选择钢结构时，根据工程的要求确定钢板厚度，确保在承受拉力、弯曲力、压力等作用时结构不易发生变形、破裂、弯曲。

（3）断面收缩率：指在拉伸试验中，试样断裂时，断口两侧的收缩量面积与原始截面面积之比。它是衡量材料塑性变形能力的指标。

（4）硬度：钢材的硬度是影响其耐磨性的关键因素。钢材的硬度与其抗疲劳性和强度密切相关，在一定范围内硬度越高，其极限强度也越高。

（5）冲击韧性：冲击韧性是指材料在冲击荷载作用下吸收塑性变形功和断裂功的能力，反映材料内部的细微缺陷和抗冲击性能。钢材冲击韧性试验可以用于检测钢材在极端条件下的安全性能，为相关行业提供技术支持和数据参考。例如在航空、船舶、核电等领域中，钢材的性能要求非常高，需要经常在极低温度下使用，此时需要通过冲击试验来预测钢材的韧性性能，以确定钢材是否满足相关的技术标准和要求。

（6）冷弯性能：冷弯性能可衡量钢材在常温下冷加工弯曲时产生塑性变形的能力。冷弯性能是衡量中厚钢板塑性性能的一项重要力学性能指标，冷弯试验是钢板性能必不可少的检验项目。

1.1.4　技术要求

钢材种类繁多，可根据其参数选择相关产品标准查阅技术要求。其中常用钢材产品标准有：《低合金高强度结构钢》GB/T 1591—2018、《碳素结构钢》GB/T 700—2006、《建筑结构用钢板》GB/T 19879—2023、《桥梁用结构钢》GB/T 714—2015；不锈钢钢材标准有：《不锈钢冷轧钢板和钢带》GB/T 3280—2015、《不锈钢热轧钢板和钢带》GB/T 4237—2015。

1.1.5　试验准备

1.1.5.1　拉伸性能

（1）试验温度：试验应在温度 10～35℃下进行，对于温度要求严格的试样，温度应为 (23 ± 5)℃。

（2）试验仪器：万能试验机、打点间距为 5mm 的打点机、游标卡尺、钢尺。

（3）调试设备：万能试验机应根据国家标准《金属材料　静力单轴试验机的检验与校准　第 1 部分：拉力和（或）压力试验机　测力系统的检验与校准》GB/T 16825.1—2022 进行校准，至少达到 1 级。选择合适量程的万能试验机，参考试验标准中的建议和要求，根据试样直径选用尺寸和形状相匹配的夹头。查阅万能试验机的操作指南，按照指导顺序打开油泵和试验软件，查看夹头在空载情况下力值是否清零，以验证万能试验机状态是否良好。

（4）试样处理：根据试样实测尺寸计算出的原始标距选择标点距离为 5mm 或 10mm 的打点机。将准备好的试样用打点机打点，确保标记点在整根试样纵向均匀分布。

1.1.5.2　厚度偏差

（1）检测仪器：量程足够的游标卡尺（精确至 0.01mm）。

（2）调试设备：检查游标卡尺是否准确可用。

（3）试样处理：检查试样是否有不符合试样要求的情况，如表层有杂质、内部填充或截面不平整，若有需将试样处理至可试验状态。

1.1.5.3　断面收缩率

（1）温度规定：试验应在温度 10～35℃下进行，对于温度要求严格的试样，温度应为 (23 ± 5)℃。

（2）试验仪器：万能试验机、游标卡尺。

1.1.5.4　硬度

（1）温度规定：试验应在温度 10～35℃下进行，对于温度要求严格的试样，温度应为 (23 ± 5)℃。

（2）检测仪器：洛氏硬度计、维氏硬度计、布氏硬度计。

1.1.5.5　冲击韧性

1）温度

（1）除另有规定外，冲击试验应在(23 ± 5)℃（室温）进行。对于试验温度有规定的冲击试验，试样温度应控制在规定温度±2℃范围内。

（2）当使用液体介质冷却或加热试样时，试样应放置于容器中的网栅上，网栅至少高于容器底部 25mm，液体浸过试样的高度至少为 25mm，试样距容器侧壁至少 10mm。应连续均匀搅拌介质以使温度均匀。温度测量装置应置于试样组中间。液体介质温度应在规定温度±1℃以内，试样转移至冲击位置前应在该介质中浸泡至少 5min。

（3）当使用气体介质冷却或加热试样时，试样应与最近表面保持至少 50mm 距离，试样之间至少间隔 10mm。应连续均匀搅拌介质以使温度均匀。温度测量装置应置于试样组中间。气体介质温度应在规定温度±1℃以内，试样移出介质进行试验前应在该介质中存放至少 30min。

（4）只要满足上述的要求，允许采用其他方式进行加热或冷却。

2）试验仪器

游标卡尺、夏比摆锤冲击试验机、冲击试验低温槽、冲击试验试样缺口投影仪。

3）调试设备

根据试样冲击功选择合适量程的夏比摆锤冲击试验机，试验前应检查砧座跨距，砧座跨距应保证在 400mm 以内；并检查砧座圆角和摆锤锤刃部位是否有损伤或外来金属粘连，如发现问题应及时调整、修磨或更换问题部件，以保证试验结果准确可靠。

1.1.5.6　冷弯性能

（1）试验温度：试验应在温度 10～35℃下进行，对于温度要求严格的试样，温度应为 (23 ± 5)℃。

（2）试验仪器：游标卡尺、弯曲试验。

1.1.6　检测步骤

1.1.6.1　拉伸性能（屈服强度、抗拉强度、伸长率）

（1）使用游标卡尺测量试样的厚度和宽度并记录。

（2）将试样放置于万能试验机上下夹头的中央位置，确保试件夹持长度至少超过夹具总长度的 2/3。

（3）使用精度不低于 1mm 的卷尺或钢尺测量平行长度（即两夹持端的距离），通过现行《金属材料 拉伸试验 第 1 部分：室温试验方法》GB/T 228.1—2021 的试验速率进行计算与设置。

（4）确认无误后，开始油泵试验，钢筋断裂后，停止万能试验机加载。

（5）记录试验曲线的屈服荷载和极限荷载。

（6）结果计算：

$$R_{el} = \frac{F_{el}}{S_0}，修约精度根据产品标准确定 \tag{1.1-1}$$

式中：R_{el}——屈服强度（MPa）；

　　　F_{el}——屈服荷载（MPa）；

　　　S_0——实测横截面积（mm^2）。

$$R_m = \frac{F_m}{S_0}，修约精度根据产品标准确定 \tag{1.1-2}$$

式中：R_m——抗拉强度（MPa）；

　　　F_m——极限荷载（MPa）；

　　　S_0——实测横截面积（mm^2）。

$$A = \frac{L - L_0}{L_0} \times 100\%，修约精度根据产品标准确定 \tag{1.1-3}$$

式中：A——断后伸长率（%）；

　　　L——测断后伸长率的断后标距（mm）；

　　　L_0——测断后伸长率的原始标距（mm）。

$$L_0 = 5.65\sqrt{S_0}，修约到 5mm \tag{1.1-4}$$

式中：L_0——测断后伸长率的原始标距（mm）；

　　　S_0——实测横截面积（mm^2）。

$$S_0 = t \times W \tag{1.1-5}$$

式中：t——实测厚度（mm）；

　　　W——实测宽度（mm）；

　　　S_0——实测横截面积（mm^2）。

1.1.6.2　厚度偏差

（1）准备好待检钢材样品，根据试样选择精度、量程符合要求的游标卡尺。

（2）先测量试样顶端的壁厚；随后将游标卡尺移至中间，测量第二个点的壁厚；再将游标卡尺移至尾端，测量第三个点的壁厚。

（3）记录 3 个点的厚度数据。

（4）结果计算：

$$\Delta t = t - t_0，精确至 0.01mm \tag{1.1-6}$$

式中：t——实测厚度；

t_0——基准厚度；

Δt——厚度偏差。

1.1.6.3　断面收缩率

（1）准备好试样。先用游标卡尺测量样品的直径，用游标卡尺测量样品的规格并计算样品的横截面积。

（2）采用微机控制电液伺服万能试验机选用相应的夹头，按照《金属材料　拉伸试验第 1 部分：室温试验方法》GB/T 228.1—2021 中的试验加载速率计算方法，确定速率。

（3）开始试验直至试件被拉断。

（4）取下试样将两段拼接，用游标卡尺测量拼接面的最小直径 d_1，游标卡尺旋转 90°测量与 d_1 垂直的直径 d_2。

（5）记录数据 d_1 和 d_2。

（6）结果计算：断面收缩率按式(1.1-7)～式(1.1-9)计算：

$$Z = \left(\frac{S_0 - S_U}{S_0}\right) \times 100\% \tag{1.1-7}$$

$$S_0 = \pi d_0^2/4 \tag{1.1-8}$$

$$S_U = \frac{\pi}{4}\left(\frac{d_1 + d_2}{2}\right)^2 \tag{1.1-9}$$

式中：　Z——断面收缩率（％）；

S_0——试样原始横截面积（mm^2）；

S_U——试样断裂后的最小横截面积（mm^2）；

d_0——试样直径（mm）；

d_1、d_2——两个互相垂直的直径的测量值。如果断面呈椭圆形，则 d_1 和 d_2 表示椭圆的两个直径（mm）。

1.1.6.4　硬度

1）洛氏硬度

（1）将试样平稳地放在洛氏硬度计的刚性支撑台上，试样表面不应存在污物。将试样稳固地放置在试验台上，确保试验中不发生位移。

（2）选用与标尺相对应的压头及试验力，使压头与试样表面接触，垂直于试验面施加试验力，直至达到规定试验力值。

（3）无冲击、振动、摆动和过载地施加主试验力 F_1，使试验力从初试验力 F_0 增大至总试验力 F，洛氏硬度主试验力的加载时间为 1～8s。

（4）总试验力 F 的保持时间为 2～6s，卸除主试验力 F_1，初试验力 F_0 保持 1～5s 后读数。

（5）记录试验硬度值。

（6）每个试样进行 3 次试验，相邻 2 个点压痕中心之间的距离不应小于 3 倍压痕直径，任一压痕中心距试样边缘的距离至少应为 2.5 倍压痕直径。

2）维氏硬度

（1）将试样平稳地放在维氏硬度计的支撑台上，试样表面不应存在污物。将试样稳固地放置在试验台上，确保试验中不发生位移。

（2）使压头与试样表面接触，垂直于试验面施加试验力，加力过程中不应有冲击和振动，直至试验力达到规定值。

（3）从开始加力至全部试验力施加完毕的时间应在 2～8s 之间。对于小力值维氏硬度试验和显微维氏硬度试验，加力过程不能超过 10s 且压头下降速度应不大于 0.2mm/s。

（4）在整个试验期间，应避免硬度计受到冲击和振动。

（5）卸载试验力，指针稳定后读数，记录两对角线长度数据。

（6）任一压痕中心到试样边缘距离至少应为压痕对角线长度的 2.5 倍，两相邻压痕中心之间的距离至少应为压痕对角线长度的 3 倍。

（7）结果计算：应测量压痕两条对角线的长度，取其算术平均值；维氏硬度 = 0.102 × 试验力/压痕表面积 = 0.1891 × 试验力/两对角线长度平均值的平方，可按公式计算维氏硬度值，也可从《金属材料 维氏硬度试验 第 4 部分：硬度值表》GB/T 4340.4—2022 中查取维氏硬度值。

3）布氏硬度

（1）将试样平稳放在布氏硬度计的刚性支撑台上，试样表面不应存在污物。将试样稳固地放置在试验台上，确保试验中不发生位移。

（2）选用与标尺相对应的压头及加载力，使压头与试样表面接触，垂直于试验面施加试验力，直至达到规定试验力值，确保加载过程中无冲击、振动和过载。

（3）从开始加力至全部试验力施加完毕的时间应在 2～8s 之间。试验力保持时间为 11～15s。

（4）在整个试验期间，硬度计不应受到影响试验结果的冲击和振动。卸载试验力，指针稳定后读数，记录两垂直压痕直径数据。

（5）每个试样进行 3 次试验，相邻 2 个点压痕中心之间的距离不应小于 3 倍压痕直径，任一压痕中心距试样边缘的距离至少应为 2.5 倍压痕直径。

（6）结果计算：测量每个压痕两个相互垂直方向的直径，用两个读数的平均值计算布氏硬度。布氏硬度计算公式为：

$$HBW = 0.102 \times \frac{2F}{\pi D\left(D - \sqrt{D^2 - d^2}\right)} \tag{1.1-10}$$

式中：F——试验力；

d——压痕平均直径；

D——压头球直径。

1.1.6.5 冲击韧性

（1）用游标卡尺测量试样的厚度、宽度和长度。

（2）用冲击试样缺口投影仪观测缺口尺寸。

（3）当尺寸符合试验要求时，将试样放置在冲击试验低温槽进行调温。

（4）对试验机摆锤进行取锤。

（5）将低温槽处理后的试样取出放置在摆锤试验机上。（注：当试验不在室温进行时，试样从高温或低温介质中移出至打断的时间应不超过 5s。但当室温或仪器温度与试样温度之差小于 25℃时，试样转移时间可放宽至不超过 10s）

（6）启动冲击，冲击后记录冲击功，精确至 0.5J 或 0.5 个分度单位。

1.1.6.6　冷弯性能

（1）先用游标卡尺测量样品直径或厚度。

（2）将样品置于弯曲试验机上，根据样品的尺寸、牌号、取样方向算出弯心直径，选用合适的弯头。

（3）根据试验机类型调节试验距离。

（4）启动机器加压至样品弯曲 180°。

（5）观察样品是否发生断裂并记录结果。

1.1.7　检测报告

钢材检测报告应包含以下信息：工程信息、报告编号、样品编号、代表数量、钢材类型、样品名称、炉批号、钢材规格、牌号、质量等级、生产厂家、各参数的技术要求和实测结果、结论、检评依据、试验员签字、审核人签字、批准人签字等。

1.2　焊接材料

1.2.1　分类

根据不同的焊接方法和工艺要求，焊接材料可分为焊条、焊丝、金属粉末、焊剂、气体等。

1.2.1.1　焊丝

（1）按照焊接方法，可以分为气体保护焊焊丝、埋弧焊焊丝、气焊焊丝、堆焊焊丝等。

（2）按照结构形式，可以分为实心焊丝和药芯焊丝。

（3）按照焊接材料，可以分为不锈钢焊丝、低合金钢焊丝、铸铁焊丝、有色金属焊丝等。

（4）按照适用的金属材料，可以分为低碳钢焊丝，低合金钢焊丝，硬质合金堆焊焊丝，铝、铜及铸铁焊丝等。

（5）按照直径分类，可以分为细焊丝、中焊丝、粗焊丝等。

（6）按照用途分类，可以分为通用焊丝、电子焊丝等。

1.2.1.2　焊条

（1）按照焊条的用途分类，可以分为结构钢焊条、不锈钢焊条、堆焊焊条、铸铁焊条、镍和镍合金焊条、铜及铜合金焊条、铝及铝合金焊条以及特殊用途焊条。

（2）按照焊条药皮的主要化学成分分类，可以分为氧化钛型焊条、氧化钛钙型焊条、钛铁矿型焊条、氧化铁型焊条、纤维素型焊条、低氢型焊条、石墨型焊条及盐基型焊条。

（3）如果按照焊条药皮熔化后熔渣的特性分类，可以分为酸性焊条和碱性焊条。

（4）对于专用焊条，可按使用性能分为超低氢焊条、低尘低毒焊条、立向下焊条、躺焊焊条、打底层焊条、高效铁粉焊条、防潮焊条、水下焊条、重力焊条等。

1.2.2　检测试件

1.2.2.1　规格和数量

1个哑铃状熔敷金属拉伸试件（具体尺寸见表1.2-1），5个10mm×10mm×55mm的夏比缺口V形熔敷金属冲击试件（具体尺寸见表1.2-2），取样位置见图1.2-1，熔敷金属拉伸试件见图1.2-2，熔敷金属冲击试件见图1.2-3。

熔敷金属拉伸试件尺寸　　　　　　　　　　　　　　　　　　表1.2-1

试板厚度/mm	试验区直径/mm	试验区与夹持区半径/mm	平行长度/mm	试验区长度/mm	夹持区直径/mm	夹持区长度/mm
20	10±0.2，如无法满足，尽可能取大，且不能小于4	≥3	5倍试验区直径	6倍试验区直径	12.5	根据试验机夹具确定

熔敷金属冲击试件尺寸　　　　　　　　　　　　　　　　　　表1.2-2

试样长度/mm	宽度/mm	厚度/mm	V形夹角/°	开口深度/mm
55±0.60	10±0.05	10±0.05	45±1	2±0.05

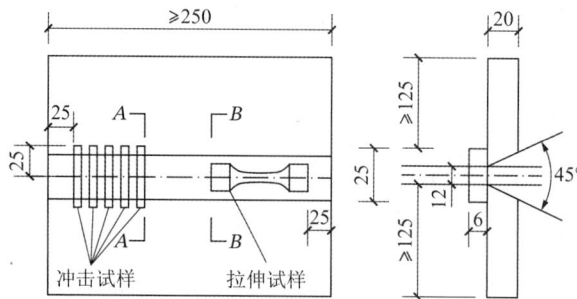

(a) 试样位置及试件尺寸

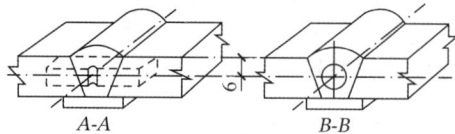

(b) 冲击试样位置　　　　　　(c) 拉伸试样位置

图1.2-1　取样位置

图1.2-2　熔敷金属拉伸试件

图 1.2-3　熔敷金属冲击试件

1.2.2.2　批次

每批焊丝/条应由同一炉号（优质焊丝/条按同一炉号或同一热处理炉号），同一形状、同一尺寸、同一交货状态的焊丝组成。每批焊剂应由同一批原材料，以同一配方及制造工艺制成。每批焊剂最大质量不应超过 45000kg。

1.2.3　检测参数

1.2.3.1　熔敷金属拉伸试验

焊丝熔敷金属拉伸试验是一种常用的材料力学试验，用于评估焊丝的力学性能和可靠性。通过对焊丝进行拉伸试验，可以获得焊丝的抗拉强度、屈服强度、延伸率等重要力学参数，为焊接工艺的设计和材料选择提供依据。

1.2.3.2　熔敷金属冲击试验

评估材料的力学性能，焊丝熔敷金属低温冲击测试可以检测材料在低温下的强度、韧性和断裂韧度等力学性能。通过分析测试数据，可以评估焊接材料低温下的力学性能，并为工程实践提供参考和指导；焊丝低温冲击测试还可以评估焊接材料在低温环境下的安全性能。通过检测材料的脆性和抗冲击性能，可以评估材料在低温环境下的承载能力和抗冲击能力。

1.2.4　技术要求

焊接材料种类繁多，可根据其参数选择相关产品标准查阅技术要求。下面以国家标准《熔化极气体保护电弧焊用非合金钢及细晶粒钢实心焊丝》GB/T 8110—2020 举例说明。

1.2.4.1　焊丝型号

焊丝型号由五部分组成。

（1）第一部分：用字母"G"表示熔化极气体保护电弧焊用实心焊丝；

（2）第二部分：在焊态、焊后热处理条件下，熔敷金属的抗拉强度代号；

（3）第三部分：冲击吸收能量（KV）不小于 27J 时的试验温度代号；

（4）第四部分：保护气体类型代号，保护气体类型代号按《焊接与切割用保护气体》GB/T 39255—2020 的规定选用；

（5）第五部分：表示焊丝化学成分分类。

除以上强制代号外，可在型号中附加可选代号：

（1）字母"U"，附加在第三部分之后，表示在规定的试验温度下，冲击吸收能量（KV_2），应不小于 47J；

（2）无镀铜代号"N"，附加在第五部分之后，表示无镀铜焊丝。

下面以"G 49A 6 M21 S3 N"为例解析焊丝型号：

（1）"G"表示熔化极气体保护电弧焊用实心焊丝；

（2）"49A"表示熔敷金属抗拉强度，"49A"表示焊态条件下最小要求值为490MPa；

（3）"6"表示冲击吸收能量（KV_2）不小于27J时的试验温度为-60℃；

（4）"M21"表示保护气体类型；

（5）"S3"表示焊丝化学成分分类；

（6）"N"为可选附加代号，表示无镀铜焊丝。

1.2.4.2 熔敷金属拉伸试验

具体技术要求见表1.2-3。

熔敷金属拉伸试验技术要求 表 1.2-3

抗拉强度代号[①]	抗拉强度/MPa	屈服强度[②]/MPa	断后伸长率/%
43X	430～600	≥330	≥20
49X	490～670	≥390	≥18
55X	550～740	≥460	≥17
57X	570～770	≥490	≥17

①X代表"A""P"或者"AP"，"A"表示在焊态条件下试验；"P"表示在焊后热处理条件下试验；"AP"表示在焊态和焊后热处理条件下试验均可。

②当屈服不明显时，应测定规定塑性延伸强度$R_{p0.2}$。

1.2.4.3 熔敷金属冲击试验

通过熔敷金属夏比V形缺口冲击试验测定5个冲击试样的冲击吸收能量（KV_2）。在计算5个试样冲击吸收能量（KV_2）的平均值时，应去掉一个最大值和一个最小值，余下的3个值中，有2个应不小于27J，另一个可小于27J，但不应小于20J，3个值的平均值不应小于27J。

如果型号中附加了可选代号"U"，测定3个冲击试样的冲击吸收能量（KV_2）。3个值中有一个值可小于47J，但不应小于32J，3个值的平均值不应小于47J。

冲击试验温度见表1.2-4。

冲击试验温度 表 1.2-4

冲击试验温度代号	冲击吸收能量（KV_2）不小于27J时的试验温度/℃
Z	无要求
Y	+20
0	0
2	-20
3	-30

冲击试验温度代号	冲击吸收能量（KV_2）不小于 27J 时的试验温度/℃
4	−40
4H	−45
5	−50
6	−60
7	−70
7H	−75
8	−80
9	−90
10	−100

1.2.5　试验准备

1.2.5.1　熔敷金属拉伸试验

（1）试验温度：试验应在温度 10～35℃下进行，对于温度要求严格的试样，温度应为 (23 ± 5)℃。

（2）试验仪器：万能试验机、引伸计、游标卡尺。

（3）调试设备：万能试验机应根据国家标准《金属材料　静力单轴试验机的检验与校准 第 1 部分：拉力和（或）压力试验机 测力系统的检验与校准》GB/T 16825.1—2022 进行校准，至少达到 1 级。选择量程适当的万能试验机，使试件破坏荷载介于试验机量程的 20%～80% 之间。参考试验标准中的建议和要求，根据试样直径选用尺寸和形状相匹配的夹头，以避免在夹持过程中产生应力集中。查阅万能试验机的操作指南，按照指导顺序打开油泵和试验软件，确保夹头在空载情况下力值清零，以验证万能试验机状态是否良好。

（4）试样处理：在试样试验区做标记点，点与点之间距离为 10mm。

（5）试验速率：根据《金属材料　拉伸试验 第 1 部分：室温试验方法》GB/T 228.1—2021 设置试验速率。

1.2.5.2　熔敷金属冲击试验

（1）试验仪器：游标卡尺、夏比摆锤冲击试验机、冲击试验低温槽、冲击试样缺口投影仪。

（2）调试设备：根据试样冲击功选择合适量程的夏比摆锤冲击试验机，根据《金属材料　夏比摆锤冲击试验方法》GB/T 229—2020，试验前应检查砧座跨距，应保证砧座跨距在 400mm 以内；并检查砧座圆角和摆锤锤刃部位是否有损伤或外来金属粘连，如发现问题，应及时调整、修磨或更换问题部件以保证试验结果准确可靠。

（3）试样处理溶剂：选择合适的降温材料（如无水乙醇），倒入冲击试验低温槽。根据牌号将试样调整到对应的试验温度。

1.2.6 检测步骤

1.2.6.1 熔敷金属拉伸试验

（1）使用游标卡尺测量试样直径。

（2）将试样置于试验机夹具内，将引伸计安装在试样试验区，拔出引伸计指针后示值清零。

（3）启动仪器开始试验，当引伸计读数略大于 0.2% 时或试验曲线过屈服平台后可摘除引伸计，继续试验直至试样断裂，即可停止试验。

（4）记录极限荷载和屈服荷载；当屈服平台不明显时，通过引伸计读出屈服荷载；当屈服平台明显时，通过屈服平台找出屈服荷载即可。

（5）结果计算。

$$R_{el} = \frac{F_{el}}{S_0}，修约精度根据产品标准确定 \tag{1.2-1}$$

式中：R_{el}——屈服强度（MPa）；

$\quad\quad F_{el}$——屈服荷载（MPa）；

$\quad\quad S_0$——实测横截面积（mm）。

$$R_m = \frac{F_m}{S_0}，修约精度根据产品标准确定 \tag{1.2-2}$$

式中：R_m——抗拉强度（MPa）；

$\quad\quad F_m$——极限荷载（MPa）；

$\quad\quad S_0$——实测横截面积（mm）。

$$A = \frac{L - L_0}{L_0} \times 100\%，修约精度根据产品标准确定 \tag{1.2-3}$$

式中：A——断后伸长率（%）；

$\quad\quad L$——测断后伸长率的断后标距（mm）；

$\quad\quad L_0$——测断后伸长率的原始标距（mm）。

$$L_0 = 5.65\sqrt{S_0}，修约到 5mm \tag{1.2-4}$$

式中：L_0——测断后伸长率的原始标距（mm）；

$\quad\quad S_0$——实测横截面积（mm²）。

1.2.6.2 熔敷金属冲击试验

参照 1.1.6.5 进行试验。

1.2.7 检测报告

检测报告要素：工程信息、报告编号、样品编号、制造商、批号、代表数量、试验目的、产品形式、母材、焊接材料、试样取样代号、焊工姓名、焊工证号、给出观察到的缺欠类型和尺寸（如有）、示意图、应用标准和/或协议所要求的其他内容、依据的焊接工艺规程、试验结果、依据"拉伸试验"结果得出的结论、试验员签字、审核人签字、批准人签字、附加说明等。

1.3　化学元素分析

1.3.1　简介

金属元素成分分析是材料分析中一项关键的检测，它可以帮助了解材料中存在的各种金属元素的含量。无论是在工业生产中使用的原材料还是成品，了解其金属元素成分都是非常重要的。通过分析金属元素的含量，可以评估产品的质量，确定材料的可用性，并确保产品符合相关的法规和标准。

1.3.2　技术要求

焊接材料种类繁多，可根据其参数选择相关产品标准查阅技术要求。下面以《熔化极气体保护电弧焊用非合金钢及细晶粒钢实心焊丝》GB/T 8110—2020 中几个化学成分分类举例说明，见表 1.3-1。

化学成分技术要求表

表 1.3-1

化学成分分类	化学成分（质量分数）/%										
	C	Mn	Si	P	S	Ni	Cr	Mo	V	Cu	Al
S2	0.07	0.90～1.40	0.40～0.70	0.025	0.025	0.15	0.15	0.15	0.03	0.50	0.05～0.15
S3	0.06～0.15	0.90～1.40	0.45～0.75	0.025	0.025	0.15	0.15	0.15	0.03	0.50	—
S4	0.06～0.15	1.00～1.50	0.65～0.85	0.025	0.025	0.15	0.15	0.15	0.03	0.50	—
S6	0.06～0.15	1.40～1.85	0.80～1.15	0.025	0.025	0.15	0.15	0.15	0.03	0.50	—

1.3.3　试验准备

1.3.3.1　试验用仪器设备：火花直读光谱仪（图 1.3-1）、砂纸磨盘。

图 1.3-1　火花直读光谱仪（原子发射光谱仪）

1.3.3.2　环境条件：建议温度 18～28℃，空气湿度 20%～80%。

1.3.3.3　火花直读光谱仪工作原理

样品材料通过设备内的火花放电生成蒸汽。在这个过程中，释放的原子和离子受到激发并发射光谱。这种光谱被传导到光学系统中，并通过 CCD 技术测量。校准数据已经存储在设备中，将测量得到的值与这些数据进行比较。测量值被转换为浓度值后显示在屏幕上。

1.3.3.4 试样表面要求

使用砂纸磨盘或机床加工样品，使其表面平整、洁净；标准样品和分析样品应在同一条件下打磨，不得过热。

1.3.4 检测步骤

1.3.4.1 开机预热

（1）首先打开稳压器，再打开电源开关，然后打开仪器外盖上的红色灯（光源）；

（2）打开氩气瓶上的旋钮（氩气总压表压力不能低于 2MPa，分压表压力为 0.5MPa，压力表不超过 0.7MPa）；

（3）打开电脑后打开分析软件，预热，检查仪器状态，点击红（绿）色小点（仪器状态正常则为绿色，不正常则为红色），若不正常，点击软件右下角的"Back"，点 F2 激发废样（任一处理好的试样），观察激发斑点，激发斑点正常则开机预热完成。

1.3.4.2 ICAL 标准化（使用厂家提供厂控标准物质进行仪器校准）

（1）在分析界面点击 ICAL 图标开始 ICAL 分析，放上 ICAL 标样，激发标样，直至数据不超限且偏差不大（最少 4 个点，允许激发更多点，但一般推荐 4～6 个点）。

（2）若偏差较大或显示红色超出限量值，可点中偏差大的，然后点删除；数据正常后，点击图中的"接受"，保存结果。

1.3.4.3 类型标准化

（1）确认当前基体是否适用，若不适用，则点右下的"Back"然后点"应用任务"，选择合适基体及相应的方法，点下方的"分析"；

（2）若当前基体适用，点击"加载方法（F10）"选择方法；

（3）点击"类型标准化（Shift + F8）"进入分析界面选择类型标准，放上该标样，激发该标样（点 F2），激发最少 3 个稳定点；

（4）该过程只观察稳定性，不与标样的标准值对比。如果标样不均匀，点始终不太稳定，则多激发几个点直至稳定，删除不稳定的点，然后点"完成（F9）"，此时得到各元素的校准系数。

1.3.4.4 样品分析

（1）进入分析界面，点击"类型校正"选择合适的校正标样方法，然后分析样品；

（2）分析完后点击"编辑样品（F5）"，输入样品名称、编号等；

（3）若需要打印，点击"打印"；需要保存，则点击"完成（F9）"；如果要删除全部分析结果，点击"舍弃"。

1.3.4.5　仪器的维护清洁

每次试验结束后都需要清洁火花台；因为在火花产生过程中，火花台上会出现黑色沉积物（金属冷凝物）。这些金属冷凝物会在电极和火花台壁之间产生传导连接。

（1）卸下极距规，卸下火花台台板，并用干燥、无油脂的布清洁两侧。

（2）卸下并清洁 O 形密封圈。

（3）卸下并清洁电极，如果电极耗尽，则更换。

（4）清洁电极固定器中的电极接收器孔，并清除电极固定器中的残留污迹，确保不吸出孔内的弹簧。

（5）用布清洁火花台表面。

（6）重新安装元件。

（7）定期换水并清理滤芯：过滤盒中必须保持半盒的水量（加注量最小 50%，最大 75%）。

1.3.5　检测报告

检测报告应包括：工程信息、报告编号、样品编号、制造商、批号、代表数量、产品形式、母材、焊接材料、化学成分分类、焊工姓名、焊工证号、技术要求、试验结果、检测依据、评定依据、试验员签字、审核人签字、批准人签字，附加说明等。

第 2 章

焊缝

本章适用于钢结构焊缝质量检测，检测内容包含尺寸检测、外观质量检测（目视检测）、表面缺陷探伤（磁粉检测、渗透检测）和内部缺陷探伤（超声检测、射线检测）。

2.1 焊缝尺寸检测

2.1.1 检测依据

焊缝尺寸检测应符合国家、行业、地方等标准以及建设单位、政府文件的相关规定。以建筑工程行业为例，目前焊缝尺寸检测依据主要有：

（1）国家标准《钢结构工程施工质量验收标准》GB 50205—2020。

（2）国家标准《钢结构焊接规范》GB 50661—2011。

2.1.2 检测数量

根据国家标准《钢结构工程施工质量验收标准》GB 50205—2020，焊缝尺寸检测中，承受静荷载的二级焊缝每批同类构件抽查 10%，承受静荷载的一级焊缝和承受动荷载的焊缝每批同类构件抽查 15%，且不应少于 3 件；被抽查构件中，每种焊缝应按条数各抽查 5%，但不应少于 1 条；每条应抽查 1 处，总抽查数不应少于 10 处。焊缝尺寸的检测数量或者比例也可以按设计要求或者委托方的要求确定。

2.1.3 检测前准备工作

检测前需做好准备工作，应逐一检查以下条件是否满足进场检测要求：

（1）应确认是否需要专用的检测工艺规程，了解母材和焊缝材料的类型和名称、焊接工艺、被检焊缝的部位和范围等情况。

（2）被检区域应无氧化皮、机油、油脂、焊接飞溅、污物、厚实或松散的油漆和任何能影响检测灵敏度的外来杂物。必要时，可用砂纸局部打磨以改善表面状况。

2.1.4 检测技术

焊缝尺寸可直接使用焊接检验尺测量，检测记录可参考附录 1。

2.1.5 检测结果判断

结果判断参考国家标准《钢结构工程施工质量验收标准》GB 50205—2020，如表 2.1-1 和表 2.1-2 所示。

无疲劳验算要求的钢结构对接焊缝与角焊缝外观尺寸允许偏差 表 2.1-1

序号	项目	示意图	外观尺寸允许偏差	
			一级、二级	三级
1	对接焊缝余高 C		$B < 20mm$ 时, C 为 $0 \sim 3.0mm$; $B \geqslant 20mm$ 时, C 为 $0 \sim 4.0mm$	$B < 20mm$ 时, C 为 $0 \sim 3.5mm$; $B \geqslant 20mm$ 时, C 为 $0 \sim 5.0mm$
2	对接焊缝错边 Δ		$\Delta < 0.1t$,且 $\leqslant 2.0mm$	$\Delta < 0.15t$,且 $\leqslant$ $3.0mm$
3	角焊缝余高 C		$h_f \leqslant 6mm$ 时,C 为 $0 \sim 1.5mm$; $h_f > 6mm$ 时,C 为 $0 \sim 3.0mm$	
4	对接和角接组合焊缝余高 C		$h_k \leqslant 6mm$ 时,C 为 $0 \sim 1.5mm$; $h_k > 6mm$ 时,C 为 $0 \sim 3.0mm$	

注:B 为焊缝宽度;t 为对接接头较薄件母材厚度。

有疲劳验算要求的钢结构焊缝外观尺寸允许偏差 表 2.1-2

项目	焊缝种类	外观尺寸允许偏差
焊脚尺寸	对接与角接组合焊缝 h_k	0 $+2.0mm$
	角焊缝 h_f	$-1.0mm$ $+2.0mm$
	手工焊角焊缝 h_f（全长的 10%）	$-1.0mm$ $+3.0mm$
焊缝高低差	角焊缝	$\leqslant 2.0mm$（任意 25mm 范围高低差）
余高	对接焊缝	$\leqslant 2.0mm$（焊缝宽 $b \leqslant 20mm$）
		$\leqslant 3.0mm$（$b > 20mm$）
余高铲磨后表面	横向对接焊缝	表面不高于母材 0.5mm
		表面不低于母材 0.3mm
		粗糙度 50μm

2.1.6 检测案例

【案例】某一级对接焊缝（有疲劳验算要求），焊缝宽度为 25mm，余高为 3.2mm，则此焊缝外观尺寸允许偏差不合格。

2.1.7 初步检测报告

为使各方及时掌握检测结果，及时发现可能存在的焊缝质量问题，做到及时处理，避免工期延误，应相关方要求可出具初步检测报告。焊缝尺寸检测的初步检测报告应至少包括项目名称、委托单位、检测日期、检测方法、检测结果等，初步检测报告可参考附录 2。

2.1.8 检测报告

焊缝尺寸检测报告应符合国家标准《钢结构工程施工质量验收标准》GB 50205—2020 的相关要求，检测报告的主要内容包括以下方面：

（1）焊缝类型、焊接方式、焊缝等级。
（2）表面状态、观测条件等。
（3）检测结果。

检测报告可参考附录 2。

2.2 目视检测

2.2.1 检测依据

目视检测应符合国家、行业、地方等标准以及建设单位、政府文件的相关规定。以建筑工程行业为例，目前焊缝尺寸检测依据主要有：

（1）国家标准《钢结构工程施工质量验收标准》GB 50205—2020。
（2）国家标准《钢结构焊接规范》GB 50661—2011。
（3）国家标准《焊缝无损检测 熔焊接头目视检测》GB/T 32259—2015。

2.2.2 检测数量

根据国家标准《钢结构工程施工质量验收标准》GB 50205—2020，外观质量目视检测的数量为：承受静荷载的二级焊缝每批同类构件抽查 10%，承受静荷载的一级焊缝和承受动荷载的焊缝每批同类构件抽查 15%，且不应少于 3 件；被抽查构件中，每一类型焊缝应按条数抽查 5%，且不应少于 1 条；每条应抽查 1 处，总抽查数不应少于 10 处。目视检测的检测数量或者比例也可以按设计要求或者委托方的要求确定。

2.2.3 检测前准备工作

检测前需做好准备工作，应逐一检查以下条件是否满足进场检测要求：

（1）应确认是否需要专用的检测工艺规程，了解母材和焊缝材料的类型和名称、焊接工艺、被检焊缝的部位和范围等情况。

（2）被检区域应无氧化皮、机油、油脂、焊接飞溅、污物、厚实或松散的油漆和任何可能影响检测灵敏度的外来杂物。必要时，可用砂纸局部打磨以改善表面状况。

2.2.4　检测技术

观察检查或使用放大镜、焊接检验尺和钢尺检查，检测记录可参考附录 3；当有疲劳验算要求时，采用渗透或磁粉检测。

2.2.5　检测结果判断

结果判断可参考国家标准《钢结构工程施工质量验收标准》GB 50205—2020，如表 2.2-1 和表 2.2-2 所示。

无疲劳验算要求的钢结构焊缝外观质量要求　　　　　　　　表 2.2-1

检验项目	焊缝质量等级		
	一级	二级	三级
裂纹	不允许	不允许	不允许
未焊满	不允许	$\leqslant 0.2mm + 0.02t$ 且 $\leqslant 1mm$，每 100mm 长度焊缝内未焊满累积长度 $\leqslant 25mm$	$\leqslant 0.2mm + 0.04t$ 且 $\leqslant 2mm$，每 100mm 长度焊缝内未满累积长度 $\leqslant 25mm$
根部收缩	不允许	$\leqslant 0.2mm + 0.02t$ 且 $\leqslant 1mm$，长度不限	$\leqslant 0.2mm + 0.04t$ 且 $\leqslant 2mm$，长度不限
咬边	不允许	$\leqslant 0.05t$ 且 $\leqslant 0.5mm$，连续长度 $\leqslant 100mm$，且焊缝两侧咬边总长 $\leqslant 10\%$焊缝全长	$\leqslant 0.1t$ 且 $\leqslant 1mm$，长度不限
电弧擦伤	不允许	不允许	允许存在个别电弧擦伤
接头不良	不允许	缺口深度 $\leqslant 0.05t$ 且 $\leqslant 0.5mm$，每 1000mm 长度焊缝内不得超过 1 处	缺口深度 $\leqslant 0.1t$ 且 $\leqslant 1mm$，每 1000mm 长度焊缝内不得超过 1 处
表面气孔	不允许	不允许	每 50mm 长度焊缝内允许存在直径 $< 0.4t$ 且 $\leqslant 3mm$ 的气孔 2 个，孔距应 $\geqslant 6$ 倍孔径
表面夹渣	不允许	不允许	深 $\leqslant 0.2t$，长 $\leqslant 0.5t$ 且 $\leqslant 20mm$

注：t 为接头较薄件母材厚度。

有疲劳验算要求的钢结构焊缝外观质量要求　　　　　　　　表 2.2-2

检验项目	焊缝质量等级		
	一级	二级	三级
裂纹	不允许	不允许	不允许
未焊满	不允许	不允许	$\leqslant 0.2mm + 0.02t$ 且 $\leqslant 1mm$，每 100mm 长度焊缝内未满累积长度 $\leqslant 25mm$
根部收缩	不允许	不允许	$\leqslant 0.2mm + 0.02t$ 且 $\leqslant 1mm$，长度不限
咬边	不允许	$\leqslant 0.05t$ 且 $\leqslant 0.3mm$，连续长度 $\leqslant 100mm$，且焊缝两侧咬边总长 $\leqslant 10\%$焊缝全长	$\leqslant 0.1t$ 且 $\leqslant 0.5mm$，长度不限
电弧擦伤	不允许	不允许	允许存在个别电弧擦伤
接头不良	不允许	不允许	缺口深度 $\leqslant 0.05t$ 且 $\leqslant 0.5mm$，每 1000mm 长度焊缝内不得超过 1 处
表面气孔	不允许	不允许	直径小于 1.0mm，每米不多于 3 个，间距不小于 20mm
表面夹渣	不允许	不允许	深 $\leqslant 0.2t$，长 $\leqslant 0.5t$ 且 $\leqslant 20mm$

注：t 为接头较薄件母材厚度。

2.2.6　检测案例分析

【案例1】某三级对接焊缝（有疲劳验算要求），母材厚度为25mm，咬边为0.3mm，则此焊缝外观质量不合格。

【案例2】某一级对接焊缝（无疲劳验算要求），母材厚度为25mm，咬边为0.1mm，则此焊缝外观质量不合格。

2.2.7　初步检测报告

为使各方及时掌握检测结果，及时发现可能存在的焊缝质量问题，做到及时处理，避免工期延误，应相关方要求可出具初步检测报告。焊缝目视检测的初步检测报告应至少包括项目名称、委托单位、检测日期、检测方法、检测结果等，初步检测报告可参考附录4。

2.2.8　检测报告

目视检测检测报告应符合国家标准《钢结构工程施工质量验收标准》GB 50205—2020的相关要求，检测报告的主要内容包括：

（1）焊缝类型、焊接方式、焊缝等级。

（2）表面状态、观测条件等。

（3）检测结果。

检测报告可参考附录4。

2.3　磁粉检测

磁粉检测适用于铁磁性材料对接焊缝、T形焊接焊缝和角接焊缝等表面或近表面缺陷的检测，以及铁磁性材料制成的板材、复合板材、管材、管件和锻件等表面或近表面缺陷的检测，不适用于非铁磁性材料的检测。

2.3.1　检测原理

铁磁性材料工件被磁化，由于不连续的存在，使工件表面和近表面的磁感应线发生局部畸变产生漏磁场，吸附在工件表面的磁粉在合适的光照下形成可见的磁痕，从而显示出不连续性的位置、大小、形状和严重程度。磁粉检测的基础是不连续处漏磁场与磁粉的磁相互作用。

磁粉检测只能用于检测铁磁性材料的表面或近表面的缺陷，由于不连续的磁痕堆集于被检测表面，所以能直观地显示出不连续的形状、位置和尺寸，并可大致确定其性质。磁粉检测可检出的不连续宽度可达 0.1μm。综合使用多种磁化方法，使得磁粉检测几乎不受工件大小和几何形状的影响，能检测出工件各个方向的缺陷。

根据施加磁粉的载体分类，磁粉检测可以分为干法（荧光、非荧光）和湿法（荧光、非荧光）；根据施加磁粉的时机分类，磁粉检测可以分为连续法和剩磁法；根据磁化方法分类，磁粉检测可以分为轴向通电法、触头法、线圈法、磁轭法、中心导体法、偏心导体法和复合磁化法（交叉磁轭法或交叉线圈法）。应根据被测工件的形状、尺寸和表面状态选择合适的磁化方法，建设工程领域推荐采用连续磁轭法。

磁粉检测时不会损伤构件，操作简单方便，检测成本低，对铁磁性材料表面及近表面缺陷检测灵敏度高，是表面缺陷检测的首选方法。但是磁粉检测对被检测件的表面光滑度要求高，对检测人员的技术和经验要求高，检测范围小，检测速度慢。

2.3.2　检测依据

不同行业的磁粉检测依据不尽相同，但应符合国家、行业和地方等标准以及建设单位、政府文件的相关规定。以建筑工程行业为例，目前磁粉检测的依据主要有：

（1）国家标准《钢结构工程施工质量验收标准》GB 50205—2020。

（2）国家标准《焊缝无损检测　磁粉检测》GB/T 26951—2011。

（3）国家标准《焊缝无损检测　焊缝磁粉检测　验收等级》GB/T 26952—2011。

（4）国家标准《钢结构现场检测技术标准》GB/T 50621—2010。

（5）国家标准《无损检测　磁粉检测　第 1 部分：总则》GB/T 15822.1—2024、《无损检测　磁粉检测　第 2 部分：检测介质》GB/T 15822.2—2024、《无损检测　磁粉检测　第 3 部分：设备》GB/T 15822.3—2024。

（6）团体标准《民用建筑钢结构检测技术规程》T/CECS 1503—2023。

2.3.3　检测数量

国家标准《钢结构工程施工质量验收标准》GB 50205—2020 规定的有疲劳验算的焊缝磁粉检测数量：承受静荷载的二级焊缝每批同类构件抽查 10%，承受静荷载的一级焊缝和承受动荷载的焊缝每批同类构件抽查 15%，且不应少于 3 件；被抽查构件中，每一类型焊缝应按条数抽查 5%，且不应少于 1 条；每条应抽查 1 处，总抽查数不应少于 10 处。磁粉检测的检测数量或者比例也可以按设计或者委托方的要求确定。

2.3.4　检测前准备工作

检测前需做好准备工作，应逐一检查以下条件是否满足进场检测要求：

（1）应确认是否需要专用的检测工艺规程，了解母材和焊缝材料的类型和名称、焊接工艺、被检焊缝的部位和范围等情况。

（2）焊缝的磁粉检测及最终验收结果的评定应由有资格和能力的人员来完成，人员的资格的鉴定推荐按国家标准《无损检测　人员资格鉴定与认证》GB/T 9445—2024 或其他相关标准、法规进行。

（3）被检区域及其相邻至少 25mm 范围内应干燥，并不得有氧化皮、机油、油脂、焊接飞溅、机加工刀痕、污物、厚实或松散的油漆和任何能影响检测灵敏度的外来杂物，必要时可用砂纸局部打磨以改善表面状况，保证磁粉显示准确，任何清理或表面准备都不应影响磁粉显示的形成。

2.3.5　检测技术

磁粉检测应按照预处理、磁化、施加磁悬液、磁痕观察与记录、缺陷评级、退磁（有需要时）和后处理的顺序进行。

应根据被测工件的形状、尺寸和表面状态选择磁粉检测装置，并应满足检测灵敏度的要求。磁粉检测装置应符合国家标准《无损检测 磁粉检测 第3部分：设备》GB/T 15822.3—2024 的有关规定，通常使用电磁轭、带触头的通电设备、电磁感应设备（近体导体或穿过导体或线圈）等磁粉检测设备，建筑工程行业使用最广泛的磁粉检测设备是电磁轭。

常用的电磁轭分为交流电磁轭及直流电磁轭，当使用磁轭最大间距时，交流电磁轭的提升力不小于45N，直流电磁轭的提升力不小于177N，提升力通常采用提升力试块验证，电磁轭如图2.3-1所示。

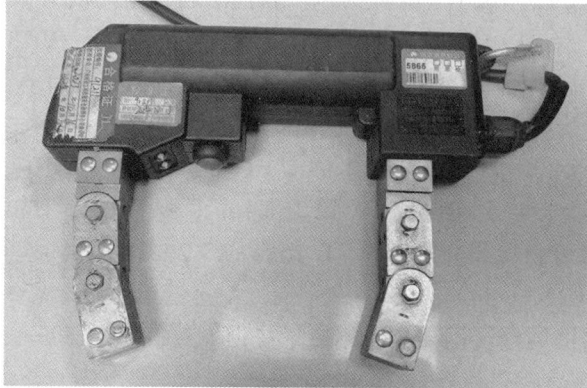

图 2.3-1 电磁轭

磁粉检测可选用油剂或水剂磁悬液，磁悬液施加装置应能均匀地将磁悬液喷洒到试件上。磁悬液浓度应根据磁粉种类、粒度、施加方法和被检工件表面状态等因素确定，测定前应对磁悬液进行充分的搅拌，磁悬液浓度范围应符合表2.3-1的规定。用荧光磁悬液检测时，应采用黑光灯照射装置。当照射距离为 380mm 时，测定黑光辐照度不应小于 $1000\mu W/cm^2$。

磁悬液浓度   表 2.3-1

磁粉类型	配制浓度/（g/L）	沉淀浓度（含固体量）/（mL/100mL）
非荧光磁粉	10～25	1.2～2.4
荧光磁粉	0.5～3.0	0.1～0.4

现场检测时，应在现场对每个工艺规程的系统灵敏度进行综合性能测试。性能测试用于确保设备、磁场强度和方向、表面特性、检测介质和照明等的特定功能。最可靠的测试应使用带有已知缺陷类型、部位、尺寸和尺寸分布的具有代表性的试件，若无此类试件，则可采用带有人工缺陷的试件，也可用试片进行测试。

上述试片即《无损检测 磁粉检测用试片》GB/T 23907—2009 所规定的磁粉检测用灵敏度试片，分为A、C和D 3种类型，主要用于验证磁粉检测综合性能（系统灵敏度）。其中，A型试片适用于较宽大或平整的被检表面；C型和D型试片适用于较窄小或弯曲的被检表面。高灵敏度的试片用于验证系统灵敏度要求较高的磁粉检测综合性能，低灵敏度的试片用于验证系统灵敏度要求较低的磁粉检测综合性能。只有磁粉检测综合性能符合要求，相应的检测结果才是有效和可靠的。

磁粉检测时宜选用 A1：30/100 型标准试片。A 型试片应由 100μm 厚的软磁材料制成；有 1 号、2 号和 3 号三种型号，其人工槽深度应分别为 15μm、30μm 和 60μm，A 型试片的几何尺寸如图 2.3-2 所示。

当磁粉检测中使用 A 型试片有困难时，可用与 A 型试片材质和灵敏度相同的 C 型试片代替。C 型试片厚度应为 50μm，人工槽深度应为 15μm，其几何尺寸应符合图 2.3-3 的规定。

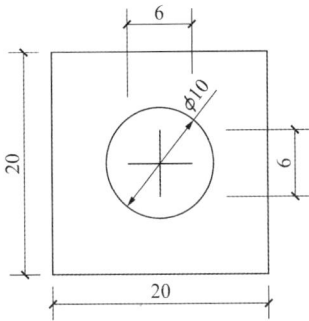

图 2.3-2　A 型试片的尺寸（单位：mm）　　图 2.3-3　C 型试片的尺寸（单位：mm）

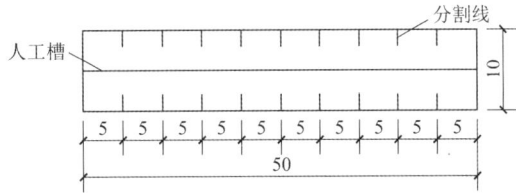

应根据检测对象及现场条件选择合适的检测介质及磁化方法，在建筑工程领域检测介质通常采用黑水（油）磁悬液，磁化方法通常使用电磁轭磁化法。磁化装置在被检部位放稳后方可接通电源，移去时应先断开电源。检测时，应有覆盖区，相邻两次移动的磁化区域应在 10～20mm 之间。

磁化时，应先将灵敏度试片放置在试件表面，检验磁场强度和方向以及操作方法是否正确，磁场方向宜与探测的缺陷方向垂直、与检测面平行，当无法确定缺陷方向或有多个方向的缺陷时，应采用两次不同方向的磁化方法。采用两次不同方向的磁化时，两次磁化方向应近似垂直。在磁化前和磁化的同时立即通过喷、浇或洒施加检测介质。磁化时间一般为 1～3s，应使得显示充分形成，当用磁悬液时，应在工件上保持磁场直至大多数磁悬液从工件表面流走，以防止已形成的显示被破坏。

磁痕观察应在磁化状态下进行，以避免已形成的缺陷磁痕遭到破坏。非荧光磁粉检测时，缺陷磁痕的评定应在可见光下进行，且工件被检表面可见光照度应大于等于 1000lx。现场检测时，由于条件所限，可见光照度应不低于 500lx。荧光磁粉检测时，缺陷磁痕的评定应在暗黑区黑光灯激发的黑光下进行，工件被检表面的黑光辐照度应大于或等于 1000μW/cm²，暗黑区室或暗处可见光照度应不大于 20lx。

应对磁痕进行分析判断，区分缺陷磁痕和非缺陷磁痕，可采用照相、绘图等方法记录缺陷的磁痕。

检测完成后，应清除被测部位的磁粉，并清洗干净，必要时应进行防锈处理；被测试件因剩磁而影响使用时，应及时进行退磁。

检测记录可参考附录 5。

2.3.6　检测结果判断

磁粉检测允许线形缺陷和圆形缺陷存在。当有裂纹缺陷时，应直接评定为不合格。当有非裂纹缺陷时，根据缺陷磁痕类型和长度，按表 2.3-2 的规定对检测到的缺陷进行验收评定。相邻且间距小于其中较小显示主轴尺寸（或显示长度）的显示，应作为单个的连续显示评定，其组合长度应按表 2.3-2 进行评定。

缺陷磁痕等级（单位：mm） 表 2.3-2

磁痕显示类型	验收等级		
	Ⅰ	Ⅱ	Ⅲ
线形显示长度 l	$l \leqslant 1.5$	$1.5 < l \leqslant 3.0$	$3.0 < l \leqslant 6.0$
圆形显示主轴直径 d	$d \leqslant 2.0$	$2.0 < d \leqslant 3.0$	$3.0 < d \leqslant 5.0$

评定为不合格时，应返修，返修后应进行复检，应在检测报告的检测结果中标明返修复检部位。

2.3.7 检测案例分析

【案例 1】某工程 H 型钢梁翼缘腹板组合焊缝为三级角焊缝，但需要对表面质量进行磁粉检测，验收等级为Ⅲ级，检测时发现两条线形显示，长度分别为 2mm 及 4mm，间距为 1.5mm，此显示应作为单个连续显示评定，显示长度为 7.5mm，根据表 2.3-2 应评为不合格。

2.3.8 初步检测报告

为使各方及时掌握检测结果，及时发现可能存在的焊缝质量问题，以便及时处理，避免延误工期，应相关方要求可出具初步检测报告。磁粉检测的初步检测报告应至少包括项目名称、委托单位、检测日期、检测方法、检测结果等，初步检测报告可参考附录 6。

2.3.9 检测报告

磁粉检测报告应符合国家标准《钢结构工程施工质量验收标准》GB 50205—2020、《焊缝无损检测 磁粉检测》GB/T 26951—2011、《焊缝无损检测 焊缝磁粉检测 验收等级》GB/T 26952—2011、《钢结构现场检测技术标准》GB/T 50621—2010 等相关标准的要求，检测报告的主要内容包括：

（1）磁粉检测装置型号、生产厂家。

（2）磁粉的类型、粒度及颜色。

（3）磁悬液种类及浓度。

（4）检测灵敏度（试片型号）。

（5）检测件的材质、规格、尺寸。

（6）检测工艺规程标识号和参数的描述，包括磁化类型、电流类型、检测介质、观察条件。

（7）验收等级。

（8）所有显示的描述和部位。

（9）根据验收等级出具的检测结果评价。

检测报告可参考附录 7。

2.4　渗透检测

渗透检测适用于非多孔性金属材料制备的钢结构焊缝在制造、安装及使用中产生的表面开口性缺陷的检测。

2.4.1　检测原理

渗透检测的基本原理是利用毛细管现象使渗透液渗入表面开口缺陷，清洗去除表面多余渗透剂，保留缺陷中的渗透剂，再利用显像剂的毛细管作用吸出缺陷中的余留渗透剂，而达到检测缺陷的目的。

渗透检测操作简单，不需要复杂设备，费用低廉，缺陷显示直观，具有相当高的灵敏度，能发现宽度 1μm 以下的缺陷。这种方法检验对象不受材料组织结构和化学成分的限制，因而广泛应用于有色金属锻件、铸件、焊接件、机加工件以及陶瓷、玻璃、塑料等表面缺陷的检测。能检测出裂纹、冷隔、夹杂、疏松、折叠和气孔等缺陷，但对于结构疏松的粉末冶金零件及其他多孔性材料不适用。

根据渗透剂种类分类，渗透检测可以分为荧光渗透检测、着色渗透检测及荧光着色渗透检测。根据渗透剂去除种类，渗透检测可以分为水洗型渗透检测、亲油型后乳化渗透检测、溶剂去除型渗透检测和亲水型后乳化渗透检测。根据显像剂的分类，渗透检测可以分为干粉显像剂渗透检测、水溶解显像剂渗透检测、水悬浮显像剂渗透检测、溶剂悬浮显像剂渗透检测和自显像渗透检测。应根据被测工件的形状、尺寸和表面状态选择合适的渗透检测方法。建设工程领域推荐采用溶剂去除型着色渗透检测。

2.4.2　检测依据

不同行业的渗透检测依据不尽相同，但应符合国家、行业、地方等标准以及建设单位、政府文件的相关规定。以建筑工程行业为例，目前渗透检测依据主要有：

（1）国家标准《钢结构工程施工质量验收标准》GB 50205—2020。

（2）国家标准《焊缝无损检测　焊缝渗透检测　验收等级》GB/T 26953—2011。

（3）国家标准《无损检测　渗透检测　第 1 部分：总则》GB/T 18851.1—2024、《无损检测　渗透检测　第 2 部分：渗透材料的检验》GB/T 18851.2—2024、《无损检测　渗透检测　第 3 部分：参考试块》GB/T 18851.3—2008、《无损检测　渗透检测　第 4 部分：设备》GB/T 18851.4—2005、《无损检测　渗透检测　第 5 部分：温度高于 50℃的渗透检测》GB/T 18851.5—2014、《无损检测　渗透检测　第 6 部分：温度低于 10℃的渗透检测》GB/T 18851.6—2014。

（4）行业标准《承压设备无损检测　第 5 部分：渗透检测》NB/T 47013.5—2015。

（5）团体标准《民用建筑钢结构检测技术规程》T/CECS 1503—2023。

2.4.3　检测数量

国家标准《钢结构工程施工质量验收标准》GB 50205—2020 对于有疲劳验算的焊缝渗透检测数量的规定：承受静荷载的二级焊缝每批同类构件抽查 10%，承受静荷载的一级焊缝和承受动荷载的焊缝每批同类构件抽查 15%，且不应少于 3 件；被抽查构件中，每一类型焊缝应按条数抽查 5%，且不应少于 1 条；每条应抽查 1 处，总抽查数不应少于 10 处。渗透检测的数量或者比例也可以按设计要求或者委托方的要求确定。

2.4.4　检测前准备工作

检测前需做好准备工作，应逐一检查以下条件是否满足进场检测要求：

（1）应确认是否需要专用的检测工艺规程，了解母材和焊缝材料的类型和名称、焊接工艺、被检焊缝的部位和范围等情况。

（2）焊缝的渗透检测及最终验收结果的评定应由有资格和能力的人员来完成，人员的资格的鉴定推荐按国家标准《无损检测　人员资格鉴定与认证》GB/T 9445—2015 或其他相关标准、法规进行。

（3）被检区域应无氧化皮、机油、油脂、焊接飞溅、机加工刀痕、污物、厚实或松散的油漆和任何能影响检测灵敏度的外来杂物。必要时，可用砂纸局部打磨以改善表面状况，从而准确解释结果。

2.4.5　检测技术

渗透检测的环境及被检测部位的温度宜在 5～50℃ 范围内。当温度低于 5℃ 或高于 50℃ 时，应按行业标准《承压设备无损检测　第 5 部分：渗透检测》NB/T 47013.5—2015 的规定进行灵敏度的对比试验。

渗透检测剂包括渗透剂、清洗剂、显像剂。渗透检测剂的质量应符合国家标准《无损检测　渗透检测　第 2 部分：渗透材料的检验》GB/T 18851.2—2024 的有关规定，并宜采用成品套装喷罐式渗透检测剂。渗透检测剂必须标明生产日期和有效期，并附带产品合格证和使用说明书。对于喷罐式渗透检测剂，其喷罐表面不得有锈蚀，喷罐不得出现泄漏。应使用同一厂家生产的同一系列配套检测剂，不应混合使用不同种类的检测剂。现场检测宜采用非荧光着色渗透检测，渗透剂可采用喷罐式水洗型或溶剂去除型，显示剂可采用快干式湿显像剂，建设工程领域推荐采用溶剂去除型着色渗透检测。

渗透检测应配备铝合金试块（A 型对比试块）和不锈钢镀铬试块（B 型灵敏度试块），其技术要求应符合国家标准《无损检测　渗透检测用试块》GB/T 23911—2009。检测灵敏度等级的选择应符合下列规定：

1）当采用不同灵敏度的渗透检测剂进行渗透检测时，B 型不锈钢镀铬灵敏度试块上可显示的裂纹区号应符合表 2.4-1 的规定。

不同灵敏度等级下显示的裂纹区号　　　　　表 2.4-1

检测系统灵敏度	显示裂纹区号
低灵敏度	2～3
中灵敏度	3～4
高灵敏度	4～5

2）B 型不锈钢镀铬灵敏度试块裂纹区的长径显示尺寸应符合表 2.4-2 的规定。

B 型不锈钢镀铬灵敏度试块裂纹区的长径显示尺寸　　表 2.4-2

裂纹区号	1	2	3	4	5
裂纹长径/mm	5.5～6.5	3.7～4.5	2.7～3.5	1.6～2.4	0.8～1.6

3）焊缝及热影响区应采用中灵敏度检测，并应在 B 型不锈钢镀铬灵敏度试块中清晰显示 3～4 号裂纹区号。

4）焊缝母材机加工坡口、不锈钢工件应采用高灵敏度检测，并应在 B 型不锈钢镀铬灵敏度试块中清晰显示 4～5 号裂纹区号。

渗透检测应按照清理、预清洗、干燥、施加渗透剂、清除多余渗透剂、干燥、施加显像剂、观察评定、复验、后处理等步骤进行。具体的检测步骤如下：

（1）清理。应清除检测面上有碍渗透检测的铁锈、氧化皮、焊接飞溅物、铁刺以及各种涂覆保护层，可采用机械砂轮打磨和钢丝刷清理，不得用喷砂、喷丸等可能封闭表面开口缺陷的清理方法。清理范围应从检测部位边缘向外扩展 30mm。机械加工检测面的表面粗糙度R_a不宜大于 12.5μm，非机械加工面的粗糙度可适当放宽，但不得影响检测结果。

（2）预清洗。对清理完毕的检测面应进行清洗，可采用溶剂、洗涤剂或喷罐式清洗剂。

（3）干燥。清洗后，检测面充分干燥后才能进行检测。

（4）施加渗透剂。可采用喷涂、刷涂、流涂等方法，使被检测部位完全被渗透剂覆盖。在整个检测过程中，环境温度和工件表面温度应在 5～50℃的标准温度范围内。在 10℃及以上温度条件下，渗透剂持续时间不宜少于 10min；在 10℃以下的温度条件下，渗透剂持续时间不宜少于 20min 或者按照说明书进行操作。当环境温度条件不能满足要求时，应进行灵敏度对比试验。

非标准温度下进行灵敏度的对比试验的方法：用标准温度和方法对 A 型对比试块 A 区进行检测，在低于 5℃时，将试块和渗透检测剂放在所需检测的环境温度下；高于 50℃时，将试块放在所需检测的环境温度下，待 30min 后各种检测器材均达到环境温度时，即可开始对 A 型对比试块 B 区的检测，并注意在检测中始终保持这一温度。试验结束，比较 A 型对比试块 A、B 区的裂纹显示迹痕，如果显示迹痕基本相同，则可认定准备采用的方法经过鉴定是可行的。否则，需要调整检测工艺，若仍不能满足灵敏度要求，则不应采用渗透方法进行检测。

（5）清除多余渗透剂。可用无绒洁净布擦拭，将检测面上大部分多余的渗透剂擦除，再用蘸有清洗剂的纸巾或布在检测面上朝一个方向擦拭，直至将检测面上残留渗透剂全部擦拭干净。用荧光渗透剂时，可在紫外灯照射下边观察边去除。清洗工件被检表面，去除多余的渗透剂，应注意防止过度去除而使检测质量下降，同时也应注意防止去除不足而造成缺陷识别困难。

（6）干燥。施加干式显像剂、溶剂悬浮显像剂时，应在施加前进行检测面干燥处理，施加水湿式显像剂（水溶解、水悬浮显像剂）时，应在施加后进行检测面干燥处理。采用自显像时应在水清洗后进行干燥处理。一般可用热风干燥或自然干燥。热风干燥时，温度应不高于 50℃。清洗处理后的检测面应在室温下自然干燥或用布、纸擦干或用压缩空气干燥机吹干。

（7）施加显像剂。宜使用喷罐型快干湿式显像剂进行显像。使用前应充分摇动，宜在距检测面 300～400mm 处进行喷涂，喷涂方向宜与被检测面形成 30°～40°的夹角，喷涂应薄而均匀，不得将湿式显像剂倾倒在被检测面上。

（8）观察评定。在施加显像剂的同时应仔细观察检测面上的迹痕显示情况，但对缺陷显示的最终确认应在显像剂施加完毕后 10～30min 内完成。显示不明显时，可适当延长观察时间。当检测面较大时，可分区域进行检测。对细小显示可使用 5～10 倍放大镜观察。应在光线充足的条件下观察，当发现不允许存在的缺陷时，应及时作标记。可根据需要和现场条件，采用照相、绘图、粘贴等方法记录缺陷痕迹。

（9）复验。当发生检测灵敏度不符合要求，难以确定迹痕是缺陷因素产生还是非缺陷因素产生的，检测过程中操作方法有误或技术条件改变等情况时，应将检测面清洗干净后重新进行检测。

（10）后处理。检测结束后，应将检测面清洗干净。

检测记录可参考附录 8。

2.4.6　检测结果判断

渗透检测可允许线形缺陷和圆形缺陷存在。当缺陷显示为裂纹缺陷时，应直接评定为不合格。当缺陷显示为非裂纹缺陷时，应根据缺陷显示类型和长度对检测到的缺陷按表 2.4-3 的规定进行验收评定。相邻且间距小于其中较小显示主轴尺寸的显示，应作为连续显示评定，其组合长度应按表 2.4-3 进行评定。

缺陷显示等级　　　　　　　　　　　　　　　　　　表 2.4-3

显示类型	验收等级		
	Ⅰ	Ⅱ	Ⅲ
线形显示长度 l/mm	$l \leqslant 2.0$	$2.0 < l \leqslant 5.0$	$5.0 < l \leqslant 8.0$
圆形显示主轴直径 d/mm	$d \leqslant 5.0$	$5.0 < d \leqslant 6.0$	$6.0 < d \leqslant 8.0$

评定为不合格时，应对其进行返修，返修后应进行复检。返修复检部位应在检测报告的检测结果中标明。

2.4.7　检测案例分析

【案例】某工程屋面排水沟为不锈钢焊接而成的 U 形槽，焊缝等级为三级，对表面质量进行渗透检测，验收等级为Ⅲ级，检测时发现 3 条线形显示长度分别为 2mm、2mm 及 5mm，间距为 1.5mm 及 3mm，则第一、二显示应作为连续显示评定，显示长度为 5.5mm，按表 2.4-3 就应评为合格，第三条显示单独评定，显示长度为 5mm，评为合格。

2.4.8　初步检测报告

为使各方及时掌握检测结果，及时发现可能存在的焊缝质量问题，以便及时处理，避免延误工期，应相关方要求可出具初步检测报告。渗透检测的初步检测报告应至少包括项目名称、委托单位、检测日期、检测方法、检测结果等，初步检测报告可参考附录 9。

2.4.9 检测报告

渗透检测报告应符合国家标准《钢结构工程施工质量验收标准》GB 50205—2020、《焊缝无损检测 焊缝渗透检测 验收等级》GB/T 26953—2011 等相关标准的要求,检测报告的主要内容包括:

(1)检测剂名称、型号。

(2)检测面清理及清洗方法。

(3)渗透剂施加方法和渗透时间。

(4)渗透剂去除方式,干燥方法、温度和时间。

(5)检测灵敏度或试片型号。

(6)检测面表面状态。

(7)检测件的材质、规格、尺寸。

(8)缺陷迹痕、所在位置、形状尺寸及缺陷类型等。

(9)验收等级。

(10)根据验收等级出具的检测结果。

检测报告可参考附录 10。

2.5 超声检测

超声检测是低超声衰减(特别是散射衰减小)金属材料熔化焊焊接接头手工超声检测技术,检测时焊缝及其母材温度在 0～60℃之间,主要应用于母材和焊缝均为铁素体类钢的全熔透焊缝。包括装配式建筑钢结构的钢屋架、格构柱(梁)钢构件、钢刚架、吊车梁、焊接 H 型钢、箱形钢框架柱(梁),桁架或框架梁中焊接组合构件和钢建(构)筑物等板节点的超声检测。主要适用范围包括:母材壁厚不小于 3.5mm、球径不小于 120mm、管径不小于 60mm 的焊接空心球及球管焊接接头;母材壁厚不小于 3.5mm、管径不小于 48mm 螺栓球节点杆件与锥头或封板焊接接头;支管管径不小于 89mm、壁厚不小于 6mm、局部二面角不小于 30°,支管壁厚外径比在 13%以下的圆管相贯节点碳素结构钢和低合金高强度结构钢焊接接头;铸钢件、奥氏体球管和相贯节点焊接接头以及圆管对接或焊管焊缝的超声检测;母材厚度不小于 6mm 的碳素结构钢和低合金高强度结构钢的钢板对接全熔透接头、箱形构件的电渣焊接头、T 形接头、搭接角接接头等焊接接头以及钢结构用板材、锻件、铸钢件;方形矩形管节点、地下建筑结构钢管桩、先张法预应力管桩端板的焊接接头以及板壳结构曲率半径不小于 1000mm 的环缝和曲率半径不小于 1500mm 的纵缝的检测。

2.5.1 检测原理

超声检测原理是超声能透入金属材料的深处,并由一截面进入另一截面时,在界面边缘发生反射的特点。当超声波束自母材表面由探头通至焊缝内部,遇到缺陷与母材底面时就分别发生反射波,在荧光屏上形成脉冲波形,可以通过这些脉冲波形来判断缺陷位置和大小。

超声检测穿透能力强,探测深度可达数米;灵敏度高,可发现与直径几百微米的空气间隙反射能力相当的反射体；超声波检测操作安全，设备轻便，在确定内部反射体的位置和朝向、大小、形状等方面较为准确，可立即提供缺陷检验结果。然而，超声波检测对缺陷的显示不直观，检测技术难度大，容易受到主、客观因素的影响，难以检查粗糙、形状不规则、小、薄或非均质材料，难以对所发现缺陷作准确的定性、定量表征，不适合有空腔的结构。

2.5.2　检测依据

不同行业的超声检测依据不尽相同，但应符合国家、行业、地方等标准以及建设单位、政府文件的相关规定。以建筑工程行业为例，目前超声检测依据主要有：

（1）国家标准《钢结构通用规范》GB 55006—2021。

（2）国家标准《钢结构工程施工质量验收标准》GB 50205—2020。

（3）国家标准《焊缝无损检测　超声检测　技术、检测等级和评定》GB/T 11345—2023。

（4）国家标准《焊缝无损检测　超声检测　焊缝内部不连续的特征》GB/T 29711—2023。

（5）国家标准《焊缝无损检测　超声检测　验收等级》GB/T 29712—2023。

（6）行业标准《钢结构超声波探伤及质量分级法》JG/T 203—2007。

（7）团体标准《民用建筑钢结构检测技术规程》T/CECS 1503—2023。

2.5.3　检测数量

国家标准《钢结构通用规范》GB 55006—2021 及《钢结构工程施工质量验收标准》GB 50205—2020 规定：要求全焊透的一级、二级焊缝应进行内部缺陷无损检测，一级焊缝探伤比例应为 100%，二级焊缝探伤比例应不低于 20%。

2.5.4　检测前准备工作

检测前需做好准备工作，应逐一检查以下项目是否满足进场检测要求：

（1）应确认是否需要专用的检测工艺规程，了解母材和焊缝材料的类型和名称、焊接工艺、被检焊缝的部位和范围等情况。

（2）焊缝的超声检测及最终验收结果的评定应由有资格和能力的人员来完成，人员的资格的鉴定推荐按国家标准《无损检测　人员资格鉴定与认证》GB/T 9445—2024 或其他相关标准、法规进行。

（3）被检区域应无氧化皮、机油、油脂、焊接飞溅、污物、厚实或松散的油漆等外来杂物。必要时，可用砂纸局部打磨以改善表面状况。

2.5.5　检测技术

超声检测应包括探测面的修整、涂抹耦合剂、检测作业、缺陷的评定等步骤。

根据质量要求，超声检测等级可分为 A、B、C 三级。应根据工件的材质、结构、焊接方法和受力状态选用检验级别。如无特别指定，钢结构焊缝质量的超声检测宜选用 B 级检测。

（1）A 级检测，以一种角度的探头，采用直射法和一次反射法在焊缝的单面单侧进行检验，只对能扫查到的焊缝截面进行探测，一般不要求作横向缺陷的检测。当母材厚度大于50mm时，不应采用A级检测。

（2）B级检测，宜以一种角度探头，采用直射法和一次反射法在焊缝的单面双侧进行检测，受几何条件限制时，可在焊缝单面、单侧采用两种角度探头（两角度之差大于10°）进行检测。当母材厚度大于100mm时，进行双面双侧检测，受几何条件限制时，可在焊缝单面双侧，采用两种角度探头进行检测，检验应覆盖整个焊缝截面。条件允许时应作横向缺陷的检测。

（3）C级检测，至少应以两种角度探头，采用直射法和一次反射法在焊缝的单面双侧进行检测。同时要作两个扫查方向的横向缺陷检测。当母材厚度大于100mm时，进行双面双侧检测。对接焊缝余高应磨平，以便探头在焊缝上作平行扫查；焊缝两侧斜探头扫查经过的母材区域应采用直探头检测；焊缝母材厚度不小于100mm、窄间隙焊缝母材厚度不小于40mm时，宜增加串列式扫查。

超声检测仪应符合行业标准《A型脉冲反射式超声波探伤仪通用技术条件》JB/T 10061—1999或其他标准的有关规定，探头应符合国家标准《无损检测 超声检测设备的性能与检验 第2部分：探头》GB/T 27664.2—2011的有关规定，试块应符合国家标准《无损检测 超声检测用试块》GB/T 23905—2009的有关规定。

应定期进行超声检测仪性能测试，应按行业标准《无损检测 A型脉冲反射式超声检测系统工作性能测试方法》JB/T 9214—2010对超声检测系统工作性能的规定，在检测前、检测过程中（每4h）、检测结束时进行测试。用于缺陷定位的斜探头入射点的测试值与标称值的误差不得大于 1mm；用于缺陷定位的斜探头折射角的测试值与标称值的误差不得大于2°。

探头的有效晶片面积不应大于500mm^2，圆形晶片直径不宜大于25mm，方形晶片任一边长不宜大于25mm。探头频率宜在2～5MHz之间，探头实测频率与标称值误差不得大于10%。斜探头声束水平轴线偏离角不应大于2°，主声束垂直方向不应有明显的双峰。常用斜探头折射角 β 为70°、60°、45°。实际检测时，斜探头的折射角 β 应依据材料厚度、焊缝坡口形式等因素选择，应使主声波束覆盖整个焊缝检测区，检测不同板厚所用探头角度宜按表2.5-1的规定采用。

不同板厚推荐的探头角度　　　　　　　　　　　　表 2.5-1

板厚 t/mm	检测等级			检测方法	推荐的折射角 β
	A级	B级	C级		
$3.5 \leqslant t \leqslant 25$	单面单侧	单面双侧或双面单侧		直射法及一次反射法	70°
$25 < t \leqslant 50$	单面单侧	单面双侧或双面单侧		直射法及一次反射法	70°或60°
$50 < t \leqslant 100$	—	单面双侧或双面单侧		直射法及一次反射法	45°和60°并用或45°和70°并用
$100 < t$	—	双面双侧		直射法	45°和60°并用

标准试块主要用于测定检测仪、接触面未经研磨的新探头和系统的性能，建筑工程领域通常采用CSK-IA型标准试块，形状和尺寸见图2.5-1，标准试块的制作技术要求应符合国家标准《无损检测 超声检测用试块》GB/T 23905—2009的有关规定。

(a) 主视图

(b) 俯视图

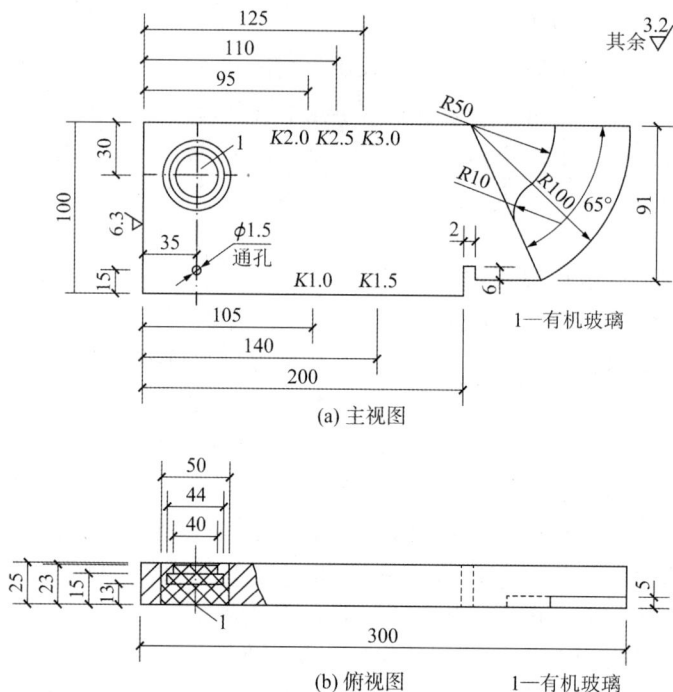

图 2.5-1　CSK-IA 型标准试块形状和尺寸

对比试块应用与被检测材料相同或声学特性相近的钢材制成，建筑工程领域通常采用 RB 型对比试块，其形状和尺寸见图 2.5-2～图 2.5-4。为校验灵敏度和时基线，也可以采用其他形式的等效试块。

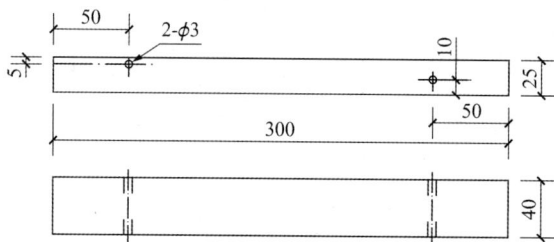

图 2.5-2　RB-1 型对比试块形状和尺寸

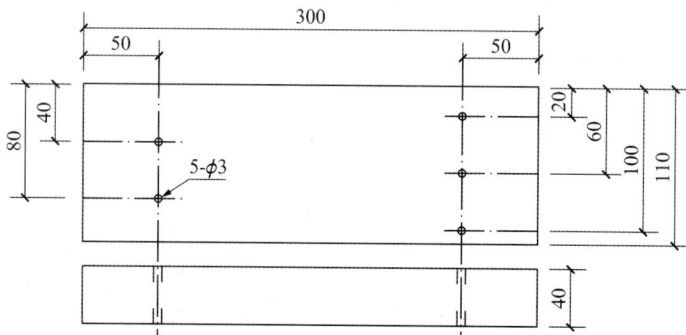

图 2.5-3　RB-2 型对比试块形状和尺寸

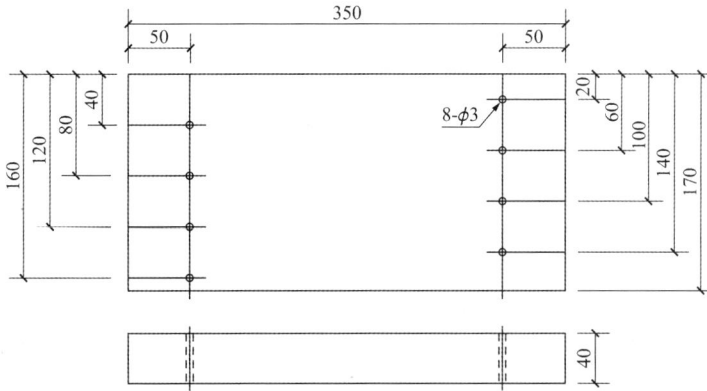

图 2.5-4　RB-3 型对比试块形状和尺寸

检测前应对超声仪的斜探头入射点、角度等主要技术指标进行检查确认，根据所测工件的尺寸，用标准试块上圆弧面的反射波或其他等效对比试块的反射波调整仪器时基线，最大检测声程处回波应调节到示波屏满刻度的 3/4 以上，以直径为 3mm 横孔作为基准反射体，制作距离-波幅曲线，设定参考灵敏度。距离-波幅曲线应由选用的仪器、探头系统在对比试块上的实测数据绘制而成。绘制的距离-波幅曲线应由评定线 EL、定量线 SL 和判废线 RL 组成。评定线以上至定量线之间的区域规定为Ⅰ区，定量线及其以上至判废线之间的区域规定为Ⅱ区，判废线及其以上区域规定为Ⅲ区（图 2.5-5）。

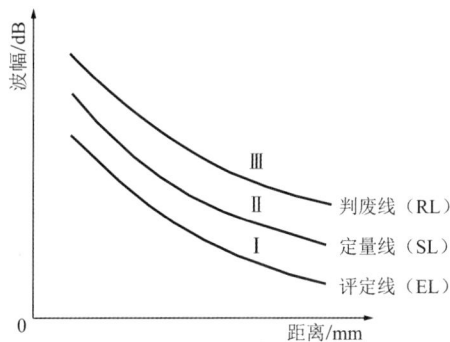

图 2.5-5　距离-波幅曲线示意图

不同检测等级所对应的各条线的灵敏度要求不同，建筑工程领域的灵敏度见表 2.5-2。在满足被检工件最大测试厚度的整个范围内绘制的距离-波幅曲线在检测仪荧光屏上的高度不应低于满刻度的 20%。

距离-波幅曲线的灵敏度　　　　　　　　　　表 2.5-2

厚度/mm	判废线 RL/dB	定量线 SL/dB	评定线 EL/dB
3.5～150.0	$\phi 3 \times 40$	$\phi 3 \times 40 - 6$	$\phi 3 \times 40 - 14$

超声检测使用的耦合剂应具有良好的透声性和适宜的流动性，不应损伤材料和人体，同时应便于检测后清理。当工件在水平面上检测时，宜选用液体类耦合剂；当工件处于竖立面检测时，宜选用糊状耦合剂。

检测灵敏度不应低于评定线灵敏度。扫查速度不应大于 150mm/s，相邻两探头扫查范围应有探头宽度10%的重叠。扫查方式有锯齿形扫查、斜平行扫查和平行扫查等，可采用前后、左右、转角、环绕等四种探头扫查方式，确定缺陷的位置、方向、形状。检测纵向缺陷，斜探头应垂直于焊缝中心线放置，锯齿形扫查，在扫查的同时还应有 10°～15° 的摆动。检测横向缺陷，应采用平行扫查和斜平行扫查；斜平行扫查时，探头在焊缝两侧边缘与焊缝中心线成 10°～20° 夹角，或将焊缝余高磨平后，探头置于焊缝上，沿焊缝作两个方向的平行扫查。T 形接头焊缝横向缺陷的检测，可在面板外侧焊缝区域增加斜探头，沿焊缝作两个方向的扫查。

对所有反射波幅超过定量线的缺陷，均应确定其位置、最大反射波幅所在区域和缺陷指示长度。缺陷指示长度的测定可用降低 6dB 相对灵敏度测长法和端点峰值测长法。当缺陷反射波只有一个高点时，用降低 6dB 相对灵敏度法测定指示长度；当缺陷反射波有多个高点时，则以缺陷两端反射波极大值之间探头的移动距离，作为缺陷的指示长度（图 2.5-6）；当缺陷反射波在Ⅰ区未达到评定线，检测者认为有必要记录时，将探头左右移动，使缺陷反射波幅降低到评定线，以此测定缺陷的指示长度。在确定缺陷类型时，可将探头对准缺陷作平动和转动扫查，观察波形的变化，并结合操作者的工程经验进行判断。

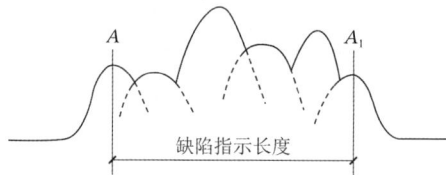

图 2.5-6 端点峰值测长法

检测记录可参考附录 11。

2.5.6 检测结果判断

最大反射波幅位于 DAC 曲线Ⅱ区的非危险性缺陷，指示长度小于 10mm 时，可按 5mm 计。在检测范围内，相邻两个缺陷间距不大于 8mm 时，应将两个缺陷指示长度之和视作单个缺陷的指示长度；相邻两个缺陷间距大于 8mm 时，两个缺陷应分别计算各自指示长度。最大反射波幅位于Ⅱ区的非危险性缺陷，可根据缺陷指示长度 ΔL 按表 2.5-3 的规定予以评级。

缺陷的等级分类　　　　　　　　　　表 2.5-3

评定等级	板厚		
	3.5～50mm	3.5～150mm	3.5～150mm
	A 级	B 级	C 级
Ⅰ	$2t/3$，最小 8mm	$t/3$，最小 6mm，最大 40mm	$t/3$，最小 6mm，最大 40mm
Ⅱ	$3t/4$，最小 8mm	$2t/3$，最小 8mm，最大 70mm	$t/2$，最小 8mm，最大 50mm
Ⅲ	$<t$，最小 16mm	$3t/4$，最小 12mm，最大 90mm	$2t/3$，最小 12mm，最大 75mm
Ⅳ	超过Ⅲ级者		

注：t 为坡口加工侧母材板厚，母材板厚不同时，以较薄侧板厚为准。

最大反射波幅不超过评定线的缺陷均可评为Ⅰ级；最大反射波幅超过评定线但达不到定量线的非裂纹类缺陷均可评为Ⅰ级；最大反射波幅超过评定线的缺陷，检测人员判定为裂纹等危害性缺陷时，无论其波幅和尺寸如何，均应评定为Ⅳ级；最大反射波幅位于Ⅲ区的缺陷，无论其指示长度如何，均应评定为Ⅳ级。不合格的缺陷应返修，返修部位及热影响区应重新评定。

2.5.7 检测案例分析

【案例】某平板一级对接焊缝，母材厚度为 20mm，按 B 级检测等级验收，发现一条 15mm 的非裂纹显示，则应评定为Ⅲ级，不符合Ⅱ级要求，评为不合格。

2.5.8 初步检测报告

为使各方及时掌握检测结果，及时发现可能存在的焊缝质量问题，以便及时处理，避免延误工期，应相关方要求可出具初步检测报告。超声检测的初步检测报告应至少包括项目名称、委托单位、检测日期、检测方法、检测结果等，初步检测报告可参考附录 12。

2.5.9 检测报告

超声检测报告应符合国家标准《钢结构通用规范》GB 55006—2021、《钢结构工程施工质量验收标准》GB 50205—2020、《焊缝无损检测 超声检测 技术、检测等级和评定》GB/T 11345—2023、《焊缝无损检测 超声检测 焊缝内部不连续的特征》GB/T 29711—2023、《焊缝无损检测 超声检测 验收等级》GB/T 29712—2023 和行业标准《钢结构超声波探伤及质量分级法》JG/T 203—2007 等相关标准的要求，检测报告的主要内容包括：

（1）超声检测仪机型和编号。
（2）探头类型、标称频率、晶片尺寸、实际折射角度和编号。
（3）被检对象特征，材质、尺寸、焊接工艺、表面状态等。
（4）参考试块编号。
（5）耦合剂。
（6）检测等级。
（7）检测范围。
（8）时基线范围。
（9）灵敏度设定方法和所用值。
（10）验收等级标准。
（11）记录缺陷所在位置、尺寸及缺陷类型等。
（12）按规定的检测等级给出评价等级。
检测报告可参考附录 13。

2.6 射线检测

射线检测适用于钢板、钢管焊接焊缝或其他钢焊接焊缝。

2.6.1 检测原理

射线检测是利用射线来检测物质内部缺陷的一种方法。射线透过被测材料时在胶片上产生感光作用，出现阴影。当射线透过被测材料时，因为缺陷处对射线的吸收能力不同，感光程度不同，落在胶片上的阴影就会有所不同，这样就可以精准显示缺陷的大小、形状。

射线检测常用的方法有 X 射线检测、γ 射线检测、高能射线检测和中子射线检测。对于建设工程领域射线检测来说，一般使用 X 射线检测。X 射线检测技术也广泛应用于工业领域，例如金属铸件、焊接部件、航空航天零部件等的质量检测和无损评估。它可以检测到各种类型的缺陷，如气孔、裂纹、夹杂物等，并提供高分辨率的内部结构图像，帮助确定物体的完整性和可靠性。

射线对人体具有辐射，危害人体健康。X 射线设备或放射源的使用应符合防护要求，开展射线检测工作时应严格执行相关标准规定的安全防护措施。现场检测时应划定控制区和管理区等，并设置警告标志，检测工作人员应佩戴个人剂量计，并携带剂量报警仪。

2.6.2 检测依据

不同行业的射线检测依据不尽相同，但应符合国家、行业、地方等标准以及建设单位、政府文件的相关规定。以建筑工程行业为例，目前射线检测依据主要有：

（1）国家标准《钢结构工程施工质量验收标准》GB 50205—2020。

（2）国家标准《焊缝无损检测 射线检测 第1部分：X 和伽玛射线的胶片技术》GB/T 3323.1—2019。

（3）国家标准《焊缝无损检测 射线检测 第2部分：使用数字化探测器的 X 和伽玛射线技术》GB/T 3323.2—2019。

（4）国家标准《焊缝无损检测 射线检测验收等级 第1部分：钢、镍、钛及其合金》GB/T 37910.1—2019。

（5）国家标准《焊缝无损检测 射线检测验收等级 第 2 部分：铝及铝合金》GB/T 37910.2—2019。

2.6.3 检测数量

国家标准《钢结构通用规范》GB 55006—2021 及《钢结构工程施工质量验收标准》GB 50205—2020 规定：要求全焊透的一级、二级焊缝应进行内部缺陷无损检测，一级焊缝探伤比例应为 100%，二级焊缝探伤比例应不低于 20%。

2.6.4 检测前准备工作

检测前需做好准备工作，应逐一检查以下条件是否满足进场检测要求：

（1）应确认是否需要专用的检测工艺规程，了解母材和焊缝材料的类型和名称、焊接工艺、被检焊缝的部位和范围等情况。

（2）焊缝检测及最终验收结果的评定应由有资格和能力的人员来完成，人员的资格的鉴定推荐按国家标准《无损检测 人员资格鉴定与认证》GB/T 9445—2024 或相关标准、法规进行。

（3）被检区域应无氧化皮、机油、油脂、焊接飞溅、机加工刀痕、污物、厚实或松散的油漆和任何能影响检测灵敏度的外来杂物。必要时，可用砂纸局部打磨以改善表面状况，从而准确解释结果。

2.6.5 检测技术

射线检测技术可分为两个等级：A 级（基本技术）和 B 级（优化技术）。射线检测技术的选择应由各方商定。当 A 级技术的灵敏度不能满足要求时，应采用 B 级技术。当使用比 B 级更优的技术时，应在文件中规定全部适宜的检测参数。当由于技术或结构原因不能满足 B 级技术的透照条件时（例如射线源类型、射线源-工件距离等），可选用 A 级技术规定的透照条件。此时，灵敏度的损失可通过将底片的最低黑度提高至 3.0 或选用较高等级且底片最低黑度为 2.6 的胶片系统来补偿，但 B 级规定的其他条件应保持不变，特别是应达到的图像质量。由于补偿后的灵敏度优于 A 级技术，可认为工件是按 B 级技术透照的。中心透照允许的最小射线源至胶片的距离减小值不应超过规定值的 50%，若偏心透照允许的最小射线源至胶片的距离减小值不超过规定值的 20%，则无需按上述方法进行灵敏度补偿。

建筑工程领域一般使用由 X 射线机和加速器产生的 X 射线源，由 Co60、Ir192、Se75、Yb169 和 Tm170 射线源产生的 γ 射线比较少使用。

现场射线检测一般按照以下步骤进行：

（1）根据要求划定管理区和控制区，并设置警戒线。

（2）检查被检对象表面质量。

（3）设标记带。

（4）布片。

（5）透照。

（6）暗室处理。

（7）缺陷评定。

胶片系统可按照国家标准《无损检测 工业射线照相胶片 第 1 部分：工业射线照相胶片系统的分类》GB/T 19348.1—2014 分为六类，即 C1、C2、C3、C4、C5、C6，其中，C1 为最高类别，C6 为最低类别。胶片制造商应对所生产的胶片进行系统性能测试并提供类别和参数。用胶片制造商提供的预先曝光胶片测试片进行测试和控制胶片曝光性能，不得使用超过胶片制造商规定的使用期限的胶片。胶片应按制造商推荐的温度和湿度条件保存，并应避免受任何电离辐射的照射。

射线检测一般应使用金属增感屏或不用增感屏，金属增感屏应满足行业标准《无损检测 射线照相检测用金属增感屏》GB/T 23910—2009 的要求，增感屏应干净、抛光和无纹道。使用增感屏时，胶片和增感屏之间应接触良好。底片影像质量可采用线型或孔型像质计测定。像质计材料的吸收系数应尽可能接近被检材料的吸收系数，任何情况下不能高于被检材料的吸收系数。

现场检测时应根据工件特点和技术条件的要求选择适宜的透照方式。在可以实施的情况下应选用单壁透照方式，单壁透照不能实施时才允许采用双壁透照方式。透照时射线束中心一般应垂直指向透照区中心，需要时也可以选用有利于发现缺陷的透照方向。射线检测的一次透照长度应以透照厚度比 K 值进行控制，不同级别射线检测技术和不同类型对接焊接接头的透照厚度比应符合表 2.6-1 的规定。

检测技术等级和不同类型对接焊接接头的透照厚度比 表 2.6-1

射线检测技术级别	A 级	B 级
纵向焊接接头	$K \leqslant 1.03$	$K \leqslant 1.01$
环向焊接解脱	$K \leqslant 1.1$①	$K \leqslant 1.06$

① 对 $100mm < D_e \leqslant 400mm$ 的环向焊接接头（包括曲率相同的曲面焊接接头），A 级允许采用 $K \leqslant 1.2$。

管的公称外径（D_e）大于 100mm，或公称厚度（t）大于 8mm，或焊缝宽度大于 $D_e/4$ 的管对接环焊缝，不宜使用双壁双影椭圆透照技术。双壁双影椭圆透照时，若 $t/D_e < 0.12$，相隔 90° 透照 2 次，不满足条件时则相隔 120° 或 60° 透照 3 次。椭圆影像最大间距应约为一个焊缝宽度。$D_e \leqslant 100mm$ 的管对接环焊缝，难以进行双壁双影椭圆透照时，可采用垂直透照技术相隔 120° 或 60° 透照 3 次。

射线源至工件最小距离 f_{min} 与射线源尺寸 d 及工件至胶片距离 b 有关。源尺寸应按系列国家标准《无损检测 工业 X 射线系统焦点特性》GB/T 25758—2010 测定。当源尺寸有两个方向尺寸（如长、宽或长轴、短轴）时，应取较大值。f_{min} 符合式(2.6-1)和式(2.6-2)：

A 级：

$$f/d \geqslant 7.5b^{2/3} \tag{2.6-1}$$

B 级：

$$f/d \geqslant 1.5b^{2/3} \tag{2.6-2}$$

当 $b < 1.2t$，式(2.6-1)和式(2.6-2)中的 b 可由 t 取代。

使用 A 级技术检测平面型缺欠时，为使几何不清晰度减小为原来的 1/2，f_{min} 应按 B 级技术要求确定。对裂纹敏感的材料有更为严格的技术要求时，应选用灵敏度比 B 级更高的技术进行透照。采用双壁双影椭圆透照技术或双壁双影垂直透照技术时，式(2.6-1)和式(2.6-2)的 b 值可取外径 D_e。采用双壁单影透照技术，在确定射线源至工件最小距离时，b 值可取 t。

射线检测时优先采用单壁透照布置，不宜采用双壁透照布置。采用偏心透照法时，允许的 f_{min} 减小值不宜超过规定值的 20%；采用中心透照法时，允许的 f_{min} 减小值不应超过规定值的 50%。

在保证射线检测透照时的曝光量穿透力的前提下，X 射线照相应选用较低的管电压。在采用较高管电压时，应保证适当的曝光量。X 射线照相，当焦距为 700mm 时，曝光量的推荐值为：A 级不小于 $15mA \cdot min$；B 级不小于 $20mA \cdot min$。当焦距改变时，可按平方反比定律换算曝光量的推荐值。采用 γ 射线源时，可采用曝光尺等方式计算曝光时间。曝光条件宜使底片的黑度满足表 2.6-2 的规定。

检测技术等级底片的黑度要求 表 2.6-2

等级	黑度①
A	$\geqslant 2.0$②
B	$\geqslant 2.3$③

① 允许测量误差±0.1。② 经合同各方商定，可降为 1.5。③ 经合同各方商定，可降为 2.0。

对于射线机曝光曲线的要求：对每台在用射线设备均应经常检测材料的曝光曲线，依据曝光曲线确定曝光参数；制作曝光曲线所采用的胶片、增感屏、焦距、射线能量等条件以及底片应达到的灵敏度、黑度等参数均应符合相关规范的规定；对使用中的曝光曲线，每年至少应核查一次，射线设备更换重要部件或经较大修理后应及时核查或重新制作曝光曲线；采用 γ 射线源时，可采用曝光尺等方式计算曝光时间。

应采用金属增感屏、铅板、滤光板、准直器等适当措施，屏蔽散射射线和无用射线，限制照射场范围。对初次制定的检测工艺，以及使用中检测条件、环境发生改变的，应进行背散射防护检查。在背散射轻微或后增感屏足以屏蔽散射射线的情况下，可不使用背散射防护铅板。像质计应优先放置在被检工件射线源侧表面，且在焊缝被透照区中心邻母材处，紧贴工件表面。几何条件允许时，像质计标记及铅字 F（如使用）应位于有效评定区之外。使用丝型像质计时，应垂直于并横跨焊缝放置，细丝朝外，应确保至少有 10mm 丝长显示在黑度均匀的区段（通常是邻近焊缝的母材区域）。双壁双影透照布置曝光时，丝型像质计可平行于管环焊缝放置，丝影像不宜投影在焊缝影像上。使用阶梯孔型像质计时，应使所要求的孔号紧靠焊缝。采用双壁双影透照布置时，像质计可放置于射线源侧或胶片侧。仅当像质计无法放置于射线源侧时，才可放置于胶片侧，但应至少通过一次对比试验来确定影像质量。对比试验时，可在射线源侧和胶片侧各放置一个像质计，采用相同的透照条件，观察所得底片以确定像质值。像质计放置于胶片侧时，应紧贴像质计放置铅字"F"，并在检测报告中注明。如果采取相关措施能保证相同被检工件或区域透照部位是以相同的透照参数和透照技术进行射线检测的，且获得的图像对比度灵敏度没有差异，则不必对每幅图像进行对比度灵敏度确定。外径大于或等于 200mm 的管对接环焊缝，采用射线源中心法进行圆周透照时，宜在圆周方向上等间隔放置至少三个像质计。

底片评定宜在光线暗淡的室内进行，观片灯的亮度应可调，灯屏宜有遮光板遮挡非评定区。观片灯应满足国家标准《无损检测 工业射线照相观片灯 最低要求》GB/T 19802—2005 的有关规定。底片评定后应理顺编号存入档案室。底片保存条件至少应符合按档案文件管理的有关规定，并应满足胶片制造商的建议和要求。

检测记录可参考附录 14。

2.6.6 检测结果判断

射线检测常见缺陷类型的基本影像特性：

（1）裂纹。底片上裂纹的典型影像是轮廓分明的黑线或黑丝，黑线或黑丝上有微小的锯齿，有分叉，粗细和黑度有时有变化。线的端部尖细。

（2）未熔合。根部未熔合的典型影像是一条细直黑线，线的一侧轮廓整齐且黑度较大，为坡口或钝边痕迹，另一侧轮廓可能较规则也可能不规则。根部未熔合应位于焊缝根部的投影位置，一般在焊缝中间，因坡口形状或投影角度等原因也可能偏向一边。

坡口未熔合的典型影像是连续或断续的黑线，宽度不一，黑度不均匀，一侧轮廓较齐，黑度较大，另一侧轮廓不规则，黑度较小，在底片上的位置一般在焊缝中心至边缘的 1/2 处，沿焊缝纵向延伸。

层间未熔合的典型影像是黑度不大的块状阴影，形状不规则，如伴有夹渣，夹渣部位的黑度较大。

（3）未焊透。未焊透的典型影像是细直黑线，两侧轮廓都很整齐，为坡口钝边痕迹，宽度恰好为钝边间隙宽度。未焊透在底片上处于焊缝根部的投影位置，一般在焊缝中部，因透照偏、焊偏等原因也有可能偏向一侧。未焊透呈断续或连续分布，有时能贯穿整张底片。

（4）夹渣。非金属夹渣在底片上的影像是黑点、黑条或黑块，形状不规则，黑度变化无规律，轮廓不圆滑，有的带棱角。

非金属夹渣可能发生在焊缝中的任何位置，条状夹渣的延伸方向多与焊缝平行。

钨夹渣在底片上的影像是一个白点，白点的黑度极小（极亮），尺寸一般不大，形状不规则，多数情况以单个形式出现。

验收等级应符合表 2.6-3 的规定。缺欠类型见《钢、镍、钛及其合金熔焊接头（束焊除外）缺陷质量等级》ISO 5817—2023E，缺欠定义及编号见《金属熔化焊接头缺欠分类及说明》GB/T 6417.1—2005。如果任意相邻缺欠的间距小于或等于其中较小缺欠的主要尺寸，则应视为一个缺陷。

对接焊缝内部显示的验收等级　　　　　　　　　　　表 2.6-3

序号	按 GB/T 6417.1—2005 的内部缺欠分类	验收等级 3 级[①]	验收等级 2 级[②]	验收等级 1 级
1	裂纹（100）	不准许	不准许	不准许
2[①]	均布气孔（2012），球形气孔（2011），单层	$A \leqslant 2.5\%$； $d \leqslant 0.4s$，最大 5mm； $L = 100mm$	$A \leqslant 1.5\%$； $d \leqslant 0.3s$，最大 4mm； $L = 100mm$	$A \leqslant 1\%$； $d \leqslant 0.2s$，最大 3mm； $L = 100mm$
3	均布气孔（2012），球形气孔（2011），多层	$A \leqslant 5\%$； $d \leqslant 0.4s$，最大 5mm； $L = 100mm$	$A \leqslant 3\%$； $d \leqslant 0.3s$，最大 4mm； $L = 100mm$	$A \leqslant 2\%$； $d \leqslant 0.2s$，最大 3mm； $L = 100mm$
4	局部密集气孔（2013）	$d_A \leqslant W_p$，最大 25mm； $d \leqslant 0.4s$，最大 5mm； $L = 100mm$； d_A 对应 d_{A1}、d_{A2} 或 d_{Ac}	$d_A \leqslant W_p$，最大 20mm； $d \leqslant 0.3s$，最大 4mm； $L = 100mm$； d_A 对应 d_{A1}、d_{A2} 或 d_{Ac}	$d_A \leqslant W_p/2$，最大 15mm； $d \leqslant 0.2s$，最大 3mm； $L = 100mm$； d_A 对应 d_{A1}、d_{A2} 或 d_{Ac}
5	链状气孔（2014）	$l \leqslant s$，最大 75mm； $d \leqslant 0.4s$，最大 4mm； $L = 100mm$	$l \leqslant s$，最大 50mm； $d \leqslant 0.3s$，最大 3mm； $L = 100mm$	$l \leqslant s$，最大 25mm； $d \leqslant 0.2s$，最大 2mm； $L = 100mm$
6	条形气孔（2015），虫形气孔（2016）	$h < 0.4s$，最大 4mm； $\sum l \leqslant s$，最大 75mm； $L = 100mm$	$h < 0.3s$，最大 3mm； $\sum l \leqslant s$，最大 50mm； $L = 100mm$	$H < 0.2s$，最大 2mm； $\sum l \leqslant s$，最大 25mm； $L = 100mm$
7[②]	缩孔（202）（不包括弧坑缩孔）	$h < 0.4s$，最大 4mm； $l \leqslant 25mm$	不准许	不准许
8	弧坑缩孔（2024）	$h < 0.4t$，最大 2mm； $l \leqslant 0.2t$，最大 2mm	不准许	不准许
9	夹渣（301），焊剂夹渣（302），氧化物夹杂（303）	$h < 0.4s$，最大 4mm； $\sum l \leqslant s$，最大 75mm； $L = 100mm$	$h < 0.3s$，最大 3mm； $\sum l \leqslant s$，最大 50mm； $L = 100mm$	$h < 0.2s$，最大 2mm； $\sum l \leqslant s$，最大 25mm； $L = 100mm$
10	金属夹杂（304）（不包括铜）	$l < 0.4s$，最大 4mm	$l < 0.3s$，最大 3mm	$l < 0.2s$，最大 2mm
11	铜夹杂（3042）	不准许	不准许	不准许

续表

序号	按 GB/T 6417.1—2005 的内部缺欠分类	验收等级 3 级[①]	验收等级 2 级[②]	验收等级 1 级
12	未熔合（401）	仅允许断续且不能延伸至表面 $\sum l \leqslant 25mm$，$L = 100mm$	不准许	不准许
13	未焊透（402）	$\sum l \leqslant 25mm$，$L = 100mm$	不准许	不准许

注：①验收等级 3 级和 2 级可增加后级 X 描述，表示所有长度超过 25mm 的显示不可验收。

②如果单条焊缝长度小于 100mm，则显示的最大长度应不超过整条焊缝长度的 25%。

A——显示投影面积总和在 $L \times W_p$ 区域中的百分比（%）；

d——气孔直径（mm）；

d_A——气孔包络区域直径（mm）；

h——显示的宽度，或表面缺欠的高度或宽度（mm）；

L——焊缝任意 100mm 检测长度（mm）；

l——显示的长度（mm）；

s——对接焊缝公称厚度（mm）；

t——母材厚度（mm）；

W_p——焊缝宽度（mm）；

$\sum l$——在 L 范围内缺欠总长度（mm）。

2.6.7 检测案例分析

【案例】某平板一级对接焊缝，母材厚度为 20mm，按 A 级检测 2 验收，发现一条 2mm 的未熔合显示，则应评为不合格。

2.6.8 初步检测结果

为使各方及时掌握检测结果，及时发现可能存在的焊缝质量问题，以便及时处理，避免延误工期，应相关方要求可出具初步检测报告。射线检测的初步检测报告应至少包括项目名称、委托单位、检测日期、检测方法、检测结果等，初步检测报告可参考附录 15。

2.6.9 检测报告

射线检测检测报告应符合国家标准《钢结构工程施工质量验收标准》GB 50205—2020、《焊缝无损检测 射线检测 第 1 部分：X 和伽玛射线的胶片技术》GB/T 3323.1—2019、《焊缝无损检测 射线检测 第 2 部分：使用数字化探测器的 X 和伽玛射线技术》GB/T 3323.2—2019、《焊缝无损检测 射线检测验收等级 第 1 部分：钢、镍、钛及其合金》GB/T 37910.1—2019、《焊缝无损检测 射线检测验收等级 第 2 部分：铝及铝合金》GB/T 37910.2—2019 等相关标准的要求，检测报告的主要内容包括以下方面：

（1）检测单位。

（2）工件名称。

（3）材质。

（4）焊缝的坡口形式。

（5）公称厚度。

（6）焊接方法。

（7）检测标准，包括验收要求。

（8）射线检测技术和等级，包括像质计和要求达到的像质值。

（9）透照布置。

（10）布片图。

（11）射线源种类和焦点尺寸及所选用的设备。

（12）胶片类型和系统分类等级、增感屏和滤光板。

（13）管电压和管电流，或射线源的类型和活度。

（14）曝光时间和射线源—胶片距离。

（15）胶片处理：手工或自动、显影条件。

（16）像质计型号和位置。

（17）检测结果，包括底片黑度、像质值。

（18）透照和检测报告日期。

检测报告可参考附录16。

第 3 章

钢结构防腐及防火涂层

本章介绍钢结构防腐及防火涂层厚度、涂料粘结强度、涂料抗压强度和涂层附着力检测。

3.1 涂层厚度检测

3.1.1 涂层厚度检测原理

涂层厚度检测包括钢铁表面涂层、不锈钢表面涂层和铝合金表面涂层厚度检测。通过测量涂层厚度，可以检查涂层是否达到设计要求、是否均匀分布，以及是否存在过厚或过薄的区域，从而确保涂层的质量、性能和耐用性。涂装工程中，分为防腐涂层厚度和防火涂层厚度。

磁测法（涂层测厚仪）采用电磁感应法测量涂（镀）层的厚度。位于部件表面的探头产生一个闭合的磁回路，随着探头与铁磁性材料间距的改变，该磁回路将发生不同程度的改变，引起磁阻及探头线圈电感的变化。利用这一原理可以精确地测量探头与铁磁性材料间的距离，即涂（镀）层厚度。涂层测厚仪如图 3.1-1 所示。

测针（厚度测量仪）由针杆和可滑动的圆盘组成，圆盘始终与针杆垂直，其上装有固定装置。圆直径不大于 30mm，以保证完全接触被测试件的表面。如果厚度测量仪不易插入被测材料，也可使用其他适宜的方法测试。测针（厚度测量仪）如图 3.1-2 所示。

图 3.1-1　涂层测厚仪示意图　　　　　图 3.1-2　测针（厚度测量仪）示意图

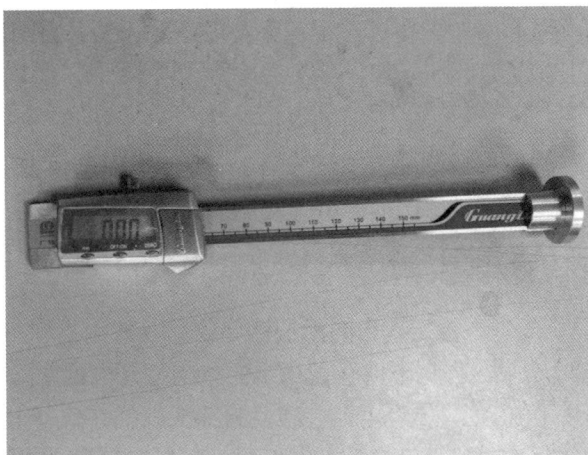

3.1.2 检测依据与数量

3.1.2.1 检测依据

目前涂层厚度检测依据主要有：

（1）国家标准《钢结构工程施工质量验收标准》GB 50205—2020。

（2）国家标准《给水排水管道工程施工及验收规范》GB 50268—2008。

（3）国家标准《热喷涂涂层厚度的无损测量方法》GB/T 11374—2012。

（4）行业标准《城市桥梁工程施工与质量验收规范》CJJ 2—2008。

（5）团体标准《钢结构防火涂料使用技术规程》T/CECS 24—2020。

3.1.2.2 检测数量

（1）防腐涂料的厚度检测按照构件总数的 10%抽检，且同类构件不少于 3 件，每个构件应布置 5 个测区，每个测区检测 3 个测点，测点间距宜为 50mm，取 3 个测点涂层厚度检测值的平均值为该测区涂层厚度的代表值。

（2）金属热喷涂涂层厚度检测以 10m² 平整表面为一个检测单元，按检测单元总数的 10%抽检，且少于 3 个检测单元；不规则表面可适当增加检测单元，每个检测单元布置 5 个测区，每个测区检测 3 个测点，测点间距宜为 50mm，取 3 个测点涂层厚度检测值的平均值为该测区涂层厚度的代表值。

（3）当检测在现场进行时，每批抽检构件宜选择不少于 20%的测区布置于焊缝等连接部位附近的防腐涂层现场补涂区域内。

（4）检验批构件数量在不同构件的情况下有不同的划分方法（见检验批划分）。

3.1.3 检测前准备工作

检测前需做好进场准备工作，应逐一检查以下方面是否满足进场检测要求：

（1）收集被检构件设计施工资料。

（2）确定试验方法、数量。

（3）与现场相关人员沟通进场时间和需要准备的事项。

（4）检查仪器设备是否在正常检定或校准有效期内。

3.1.4 现场检测操作

涂层厚度检测应按照试验要求、试验步骤等实施，并填写《钢结构防腐涂层厚度检测记录》或《钢结构防火涂层（厚涂型/薄涂型）厚度检测原始记录》。

3.1.4.1 防腐涂层测厚

1）配备在检定期内的涂层测厚仪，并选用量程与涂层厚度适合的测厚仪。

2）开机：根据电池仓盖指示的方向打开电池仓，然后按照机壳后面的正负极指示装入两节 1.5V 电池，压好电池仓盖。将探头线插在仪器上，然后按动"ON/OFF"键，可以直接进行测量。如果测量数据偏差较大，可以校准后再测量。

3）校准：铁基校准（零点校准）在仪器标准基体金属上测三处值，调"0"；用相应量程试片调校仪器。如果显示的样片值和真实值不符，可以通过 "▲" "▼" 键加 1 或减 1。按住 "▲" 或 "▼" 键不动可以连续加或减，直到调整到显示值和真实值相同。

4）钢结构普通防腐涂料涂装工程应于钢结构构件组装、预拼装或钢结构安装工程检验批的施工质量验收合格后进行。

5）检测前应进行外观检查：涂层应均匀，无明显皱皮、流坠、针眼和气泡、裸露母材的斑点等。

6）选定已实干的检测部位涂层，将磁测仪的探头放在涂层表面，读取仪器显示的涂层厚度值，按不同标准要求在多个位置上重复测量，记录所测数值。比如《钢结构工程施工质量验收标准》GB 50205—2020 的要求：用干漆膜测厚仪检查，每个构件检测 5 处（应当在构件两头及中间分别取点），每处的数值为 3 个相距 50mm 测点涂层干漆膜厚度的平均值。漆膜厚度的允许偏差应为 −25μm。如图 3.1-3 所示。

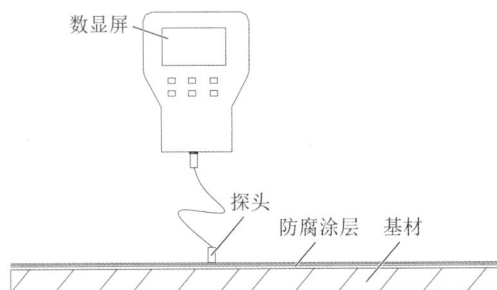

图 3.1-3　涂腐涂层厚度检测示意图

7）钢结构防腐涂装工程检验批的划分：

（1）单层厂房以一个单体为一个检验批。

（2）多层厂房以一个单体的一层为一个检验批。

（3）高层建筑以每一层为一个检验批。

（4）桁架以每一榀为一个构件。每榀抽检构件中，桁架弦杆 100%检测；腹杆 10%抽检，不少于 3 件。

（5）网架以一个单体为一个检验批。

（6）箱梁以一座桥的表面积为一个检验批，以 10m² 为一个单元计算数量。

3.1.4.2　防火涂层测厚（测针）

1）检测设备：涂层测厚仪（非膨胀型薄涂型），测点采点方式与采用测针测量时的方法一致。

2）测试前应检查防火涂料，不得有误涂、漏涂，涂层应闭合无脱层、空鼓、显著凹陷、粉化松散和浮浆等外观缺陷，乳突已剔除。

3）测试时，将测厚探针垂直插入防火涂层直至钢基材表面，记录标尺读数。如图 3.1-4 所示。

4）测点选定：①楼板、墙体的防火涂层厚度测定。可选相邻纵、横轴线相交中的本层面积为一个检测单元，按网格均匀布置测点，测点间距宜为 1m，每个检测单元不应少于 5 个测点；②梁、柱、支撑等杆系构件的防火涂层厚度测定。在构件长度内每隔 3m 取一个截面，且每个构件不应少于 2 个截面，每个截面不应少于 3～4 个测点；③桁架结构防火涂层厚度测定。上、下弦杆每隔 3m 应取一个截面，且每根杆件不应少于 2 个截面，桁架其他腹杆每根截取一个截面，每个截面不应少于 4 个测点；④空间杆系结构的防火涂层厚度测定。按同类杆件数量均匀随机布置 10%杆件，且不少于 3 件，每根杆件不应少于 2 个截面，每个截面不应少于 4 个测点。如图 3.1-5 所示。

5）钢结构防火涂装工程检验批的划分：

（1）单层厂房以一个单体为一个检验批。

（2）多层厂房以一个单体的一层为一个检验批。

（3）高层建筑以每一层为一个检验批。

（4）钢网架以一个单体为一个检验批。

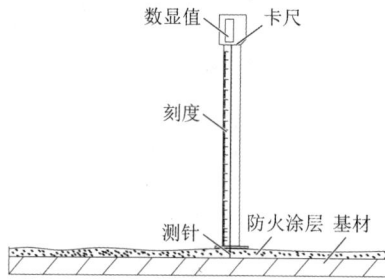

图 3.1-4　测针检测防火涂层示意图

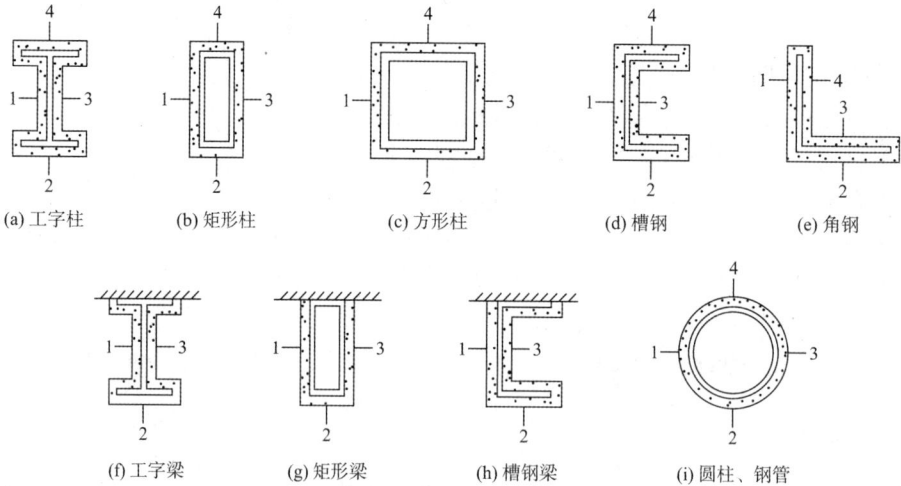

(a) 工字柱　　(b) 矩形柱　　(c) 方形柱　　(d) 槽钢　　(e) 角钢

(f) 工字梁　　(g) 矩形梁　　(h) 槽钢梁　　(i) 圆柱、钢管

1—截面 1；2—截面 2；3—截面 3；4—截面 4

图 3.1-5　测针检测防火涂层测点位置示意图

现场检测作业时填写原始记录表，模板可参考附录 17、附录 18。

3.1.5　检测结果判断

测量平均值应达到设计要求值。膨胀型（超薄型、薄涂型）防火涂料、厚涂型防火涂料的涂层厚度及隔热性能应满足国家现行标准有关耐火极限的要求，且不应小于 200μm。当采用厚涂型防火涂料涂装时，80%及以上涂层应满足国家现行标准有关耐火极限的要求，且最薄处厚度不应低于设计要求的 85%。

3.1.6　检测案例分析

某工程钢柱防火等级为一级，耐火时间 3h，厚度不小于 50mm，厂家提供的涂料型式中说明 3h 耐火极限的涂料厚度为 50mm，则实测值大于 50mm 才能判定合格。

某雨棚防腐涂层，设计无要求，按规范要求，室外涂层厚度不小于 150μm，实测值大于 150μm 才能判定合格。

3.1.7　初步检测报告

为使各方及时掌握检测结果，避免延误工期，应相关方要求可出具初步检测报告。初步检测报告应至少包括项目名称、委托单位、检测日期、检测方法、检测结果等，初步检测报告可参考附录 19、附录 20。

3.1.8　检测报告

涂层厚度检测报告应符合施工验收标准按照《钢结构工程施工质量验收标准》GB 50205—2020 等标准的相关要求编制，检测报告的主要内容包括：

（1）委托方名称，设计要求。

（2）工程名称、地点。

（3）检测依据，检测数量，检测日期。

（4）检测结果表格及检测结论。

检测报告可参考附录 21、附录 22。

3.2　涂料粘结强度、抗压强度检测

3.2.1　分类

（1）按使用场所分为室内钢结构防火涂料和室外钢结构防火涂料。

（2）按分散介质分为水型钢结构防火涂料和溶剂型钢结构防火涂料。

（3）按防火机理分为膨胀型钢结构防火涂料和非膨胀型钢结构防火涂料。

3.2.2　检验依据

国家标准《钢结构防火涂料》GB 14907—2018。

3.2.3　组批、抽样数量及判定规则

（1）组成一批的钢结构防火涂料应为同一次投料、同一生产工艺、同一生产条件下生产的产品。

（2）分别从不少于 200kg（P 类）、500kg（F 类）的产品中随机抽取 40kg（P 类）、100kg（F 类）。

（3）各项试验结果均符合标准规定，则判该批产品性能合格。若有一项指标不符合标准规定，允许加倍抽样进行单项复验，复验不合格的判定不合格。

3.2.4 技术要求及试验方法

防火涂料物理性能及试验方法如表 3.2-1 所示。

防火涂料物理性能及试验方法　　　　　　　　　　表 3.2-1

序号	检测参数	技术要求		试验方法
		膨胀型	非膨胀型	
1	抗压强度/MPa	—	≥ 0.5	GB 14907—2018
2	粘结强度/MPa	≥ 0.15	≥ 0.04	

3.2.5 试验方法

1）制样条件

除另有规定外，试件的制备、养护均应在环境温度 5～35℃相对湿度 50%～80%的条件下进行。

2）试件或基材尺寸及数量（表 3.2-2）

试件或基材尺寸及数量　　　　　　　　　　表 3.2-2

序号	检测参数	试件或基材尺寸/mm	数量/块
1	抗压强度	70.7 × 70.7 × 70.7	5
2	粘结强度	70 × 70 × 6	5

3）试件的涂覆和养护

按委托方提供的产品施工工艺（除加固措施外）进行涂覆施工，试件涂层厚度分别为：对于小试件（尺寸小于 500mm × 500mm），P 类(1.50 ± 0.20)mm，F 类(15 ± 2)mm；对于大试件（尺寸为 500mm × 500mm），P 类(2.00 ± 0.20)mm，F 类(25 ± 2)mm；养护时间：P 类不少于 10d，F 类不少于 28d。

4）粘结强度

测量值应在试验用仪器量程的 15%～85%之间，试验步骤如下：

在制作的试件涂层中央 40mm × 40mm 面积内，均匀涂刷高粘结力胶粘剂（如溶剂型环氧树脂等）。

粘上钢制连接件并压上 1kg 重的砝码，小心去除连接件周围溢出的胶粘剂，继续在规定的条件下放置 3d 后去掉砝码，沿钢制连接件周边切割涂层至板底面。

将粘结好的试件安装在试验机上（图 3.2-1），在沿试件底板垂直方向施加拉力，以 1500～2000N/min 的速度施加荷载。测得最大的拉伸荷载（要求钢制连接件底面与试件涂覆面粘结）。

（1）结果处理

粘结强度按式(3.2-1)计算

$$F_b = F/A \tag{3.2-1}$$

式中：F_b——粘结强度（MPa）；

F——最大拉伸荷载（N）；

A——粘结面积（mm²）。

结果为 5 个试验值中剔除粗大误差后的平均值。

图 3.2-1　试件安装

5）抗压强度

测量值应在试验用仪器量程 15%～85% 之间，试验步骤如下：

（1）试件制作：先在规格为 70.7mm × 70.7mm × 70.7mm 的金属试模内壁涂一薄层机油，将拌合后的涂料注入试模内，轻轻摇动并插捣抹平，基本干燥固化后脱模，在规定的环境条件下养护期满后，再放置在（60±5）℃的烘箱中干燥 48h，然后再放置在干燥器内冷却至室温。

（2）试验步骤：选择试件的某一侧面作为受压面，用卡尺测量其边长，精确至 0.1mm，将选定试件的受压面向上放在压力试验机的加压座上，试件的中心线与压力机中心线应重合，以 150～200N/min 的速度均匀施加荷载至试件破坏。记录试件破坏时的最大荷载。

（3）结果处理

抗压强度按式(3.2-2)计算

$$R = P/A \tag{3.2-2}$$

式中：R——抗压强度（MPa）；

　　　P——最大荷载（N）；

　　　A——受压面积（mm²）。

结果为 5 个试验值中剔除粗大误差后的平均值。

3.2.6　检测报告

根据国家标准《钢结构防火涂料》GB 14907—2018 的要求，热轧光圆钢筋检测报告应包括：

（1）检测公司的名称、钢结构防火涂料检验报告标题。

（2）委托信息（委托单位、工程名称、工程部位、检验类别）、报告编号、评定标准、日期（送样、检验、报告）。

（3）样品信息（样品编号、类别、生产厂家、批号、比例、代表批量）。

（4）试验参数、各试验对应的检测依据、实测值、技术要求。

（5）结论。

（6）备注。

（7）对报告的说明。

（8）签名（检验、审核、批准）。

（9）页码。

钢结构防火涂料检测报告可参考附录 23。

3.3 涂层附着力检测

3.3.1 涂层附着力简介

涂层附着力检测包括钢铁表面涂层、不锈钢表面涂层和铝合金表面涂层附着力检测。可用于现场定性评判单层涂膜或多层涂膜与基底面附着力的大小，也可评定多涂层体系中各道涂层从其他底层涂层脱离的抗性。不适用于涂膜厚度大于 250μm 的涂层，也不适用于有纹理的涂层。涂层附着力检测分为划格法、拉开法。涂装工程中，防腐蚀涂料的涂层附着力检测是涂层相当重要的指标。

3.3.2 涂层附着力原理

划格法如图 3.3-1 所示，在涂层中切 6 道平行切口，与其垂直切另外 6 道平行切口。清除所有疏松的涂膜碎片。目视检查切割区域，并将其与六级分级标准进行对比。

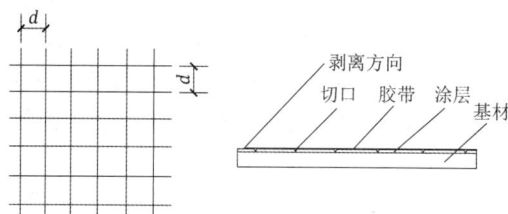

图 3.3-1 划格法示意图

拉开法如图 3.3-2 所示，涂层体系干燥/固化后，用胶粘剂将试件直接粘结到涂层的表面。胶粘剂固化后，将粘结的试验组合置于适宜的拉力试验机上，经拉力试验（拉开法试验），测出破坏涂层/底材间附着所需的拉力。用破坏界面间（附着破坏）的拉力或自身破坏（内聚破坏）的拉力表示试验结果，附着、内聚破坏有可能同时发生。观察涂层脱离的程度，依据标准评定是否达到设计要求。

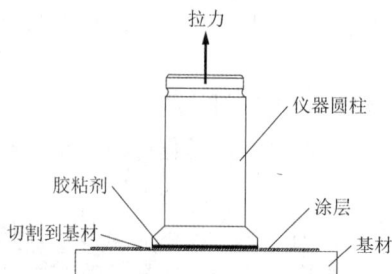

图 3.3-2 拉开法示意图

3.3.3 检测依据与数量

3.3.3.1 检测依据

目前涂层附着力检测依据主要有：

（1）国家标准《色漆和清漆 划格试验》GB/T 9286—2021。

（2）国家标准《色漆和清漆 拉开法附着力试验》GB/T 5210—2006。

3.3.3.2 检测数量

《钢结构工程施工质量验收标准》GB 50205—2020 没有涂层附着力强制性检验条款。当有附着力要求时，检测数量由有关方决定。

3.3.4 检测前准备工作

检测前需做好进场准备工作，应逐一检查以下方面是否满足进场检测要求：

（1）收集被检构件设计施工资料。

（2）确定试验方法、数量。

（3）与现场相关人员沟通进场时间和准备事项。

（4）检查仪器设备应在正常检定或校准有效期内。

3.3.5 现场检测操作

涂层附着力现场检测应按照试验要求、试验步骤等内容实施，并填写表《涂层附着力（拉力试验）检测记录》或《钢结构涂层附着力检测（划格法/栅格法）原始记录》。

3.3.5.1 划格法

（1）配备符合 DIN/ISO 标准、A-5126 型划格试验器刀头（刀齿间距为 2mm，用于 61～120μm 的硬质和软质底材）和 A-5128 型划格试验器刀头（刀齿间距为 3mm，用于 121～250μm 的硬质和软质底材）。

（2）清洁所用刷子和钢直尺。

（3）特氟龙粘胶带宽 25mm，粘结力(10 ± 1)N/25mm。

（4）目视手持式放大镜，放大倍数为 2 倍或 3 倍。

（5）选定的检测部位涂层已实干检测部位距边缘距离、不同检测部位之间间距均不小于 5mm，具有代表性、针对性，每件待测构件的检测部位不少于 3 处。

（6）待检查刀具的切割刀刃状态良好，即可开始切割。采用钢直尺导向，手握住切割刀，使刀垂直于涂层表面，对切割刀具均匀施力，切割出适宜的间距切割线，且所有的切割都应划透至涂层基材。

（7）重复上述操作在垂直向切割，以形成方格状图形。用软毛刷沿方格状图形的每一对角线，轻轻地向后扫几次，再向前扫几次。划格试验器如图 3.3-3 所示。

（8）以均匀的速度拉出一段胶带，除去最前面的一段，然后剪下长约 75mm 的胶带，把该胶带的中心放在方格的上方，方向与一组切割线平行，然后用手指把放格部位胶带压平，胶带长度至少超过方格 20mm。用手指尖用力按压粘胶带，使其紧粘涂层。在贴上胶带的 5min 内，手持胶带悬空的一端，使其与涂层表面成 60°夹角，在 0.5～1.0s 内平稳地撕离胶带。

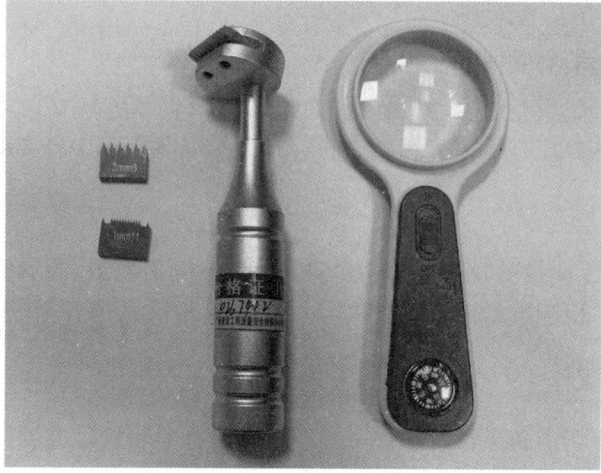

图 3.3-3　划格试验器

在良好的照明环境中，刷扫切割区后，直接目视或借助放大镜仔细检查粘贴后的切割部位，通过将切割区涂层的完整性与表 3.3-1 中图示比较，评定附着力等级。

3.3.5.2　拉开法

（1）检测设备：拉力试验机（图 3.3-4）、铝合金圆柱、切割装置、胶粘剂（环氧树脂胶粘剂和快干型氰基丙烯酸酯胶粘剂）。

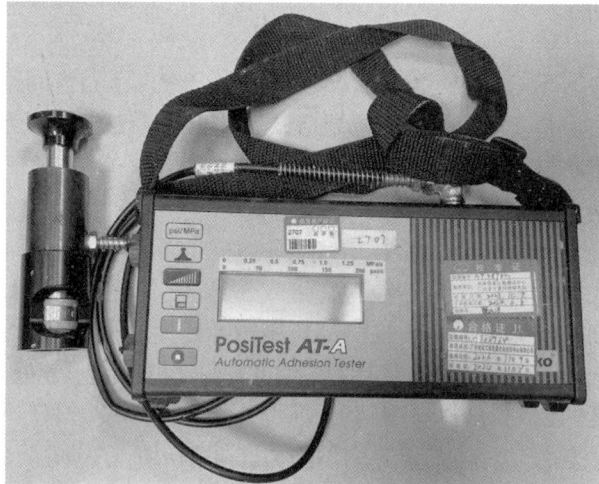

图 3.3-4　拉力试验机

（2）原则上，装置试验拉头区域的表面应平整，从而保证表面与拉头充分接触，且该区域面积应大于试验仪脚的尺寸，长宽各超出 10cm 以上为宜。

（3）用适当的溶剂去除待测物面的油脂、灰尘，用细砂纸轻轻打磨涂层表面，以促进试验拉头的附着，但不要过多磨损涂膜。用溶剂清洗并轻轻打磨试验拉头的较薄测试面，使其表面粗化。

（4）按适当比例混合胶粘剂，胶粘剂应与试验涂层相容，其粘结强度应大于试验涂层。

（5）在试验区涂一层薄胶，同时在试验拉头的结合面涂上一层相同的薄胶，在试验区涂胶处将试验拉头压紧，并轻微转动拉头，进而保证全部接触、用一平整重物压在试验拉头上。

（6）粘结固化后多采用配套的切刀，套住拉头，刻划出一个能透出基体的圆，以除去过多的胶粘剂，同时不影响试验拉头。

（7）将试验仪下部的夹子滑向并嵌入拉头的沟槽内，仪表须平稳垂直地安置在涂膜表面。

（8）拉开前，将拉力指示器读数调到"0"，拉至拉头脱开为止，计数。若最终不能拉开，采用最大拉力计。

（9）胶粘剂固化后，立即将试验组合置于拉力试验机下。小心地放置试件，使拉力均匀地作用于试验面上而没有任何扭曲动作。在与涂漆底材平面垂直的方向上施加拉伸应力，以不超过 1MPa/s 的速度稳步增加，试验组合的破坏应在施加应力后的 90s 内完成。记录破坏试验组合的拉力。拉力试验如图 3.3-5 所示。

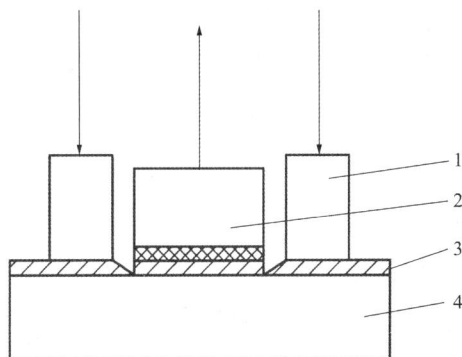

图 3.3-5　拉力试验示意图

1—外圆环；2—涂有胶粘剂的试件；3—涂层；4—底材

3.3.6　原始记录

场检测作业时填写原始记录，模板可参考附录 24、附录 25。

3.3.7　检测结果判断

划格法附着力等级评定，如表 3.3-1 所示。

附着力等级评定表　　　　　　　　　　　　　表 3.3-1

分级	说明	发生脱落的交叉切割区域的表面外观 （六道平行切割线示例）
0	切割边缘完全平滑，网格内无脱落	

分级	说明	发生脱落的交叉切割区域的表面外观（六道平行切割线示例）
1	切口交叉处有少许涂层脱落，但脱落面积不大于5%	
2	切口交叉处和/或沿场口边缘有涂层脱落，脱落面积大于 5%，但不大于15%	
3	涂层沿切割边缘部分或全部大片脱落、格子不同部位部分或全部脱落，脱落面积大于15%，但不大于35%	
4	涂层沿切割边缘大片脱落，一些方格部分或全部脱落，脱落面积大于35%，但不大于65%	
5	脱落的程度超过4级的情况	

拉开法附着力检测等级评定，描述涂层拉开后的破坏状态，通过目测破坏表面来确定破坏性质，按以下方式评定破坏类型：

A——底材的黏聚力破坏；

A/B——底材与第一道涂层间的附着力破坏；

B——第一道涂层的黏聚力破坏；

B/C——第一道涂层与第二道涂层间的附着力破坏；

N——多道涂层中第 n 道涂层的黏聚力破坏；

N/M——多道涂层系统中第 n 道涂层与第 m 道涂层系统间的附着力破坏；

–/Y——最后一道涂层与胶粘剂间的附着力破坏；

Y——胶粘剂的黏聚力破坏；

Y/Z——胶粘剂与试柱间的附着力破坏。

对每种破坏类型，估计破坏面积的百分数，精确至10%。当破坏不一致时，应重复试板的处理和涂漆过程，至少在6个试验组合上重复进行系列试验，计算平均值，精确到整数。附着力的强度单位为 N/mm^2（MPa），仪器上面显示的是MPa。举例：某个涂层系统的拉开应力为20MPa，试柱与第一道涂层上有30%的涂层黏聚力破坏，第一道涂层与第二道涂层的附着力破坏达到70%的圆柱面积，其评定结果可以表示为：20MPa，30%B，70%B/C。

3.3.8 检测案例分析

某人行天桥桥面，设计要求外表面涂层体系的附着力须大于5.0MPa，涂层与基材剥离时实测平均值分别是 6.9MPa、8.5MPa、8.1MPa，达到设计要求。某景观桥涂层施工完成后，监理要求做一组划格附着力检测。涂层厚度220μm，选用刀齿间距为3mm的划格器，结果显示切口交叉处有少许涂层脱落，但受影响的交叉切割面积不大于5%，符合要求。

3.3.9　初步检测报告

为使各方及时掌握检测结果，避免延误工期，应相关方要求可出具初步检测报告。初步检测报告应至少包括项目名称、委托单位、检测日期、检测方法、检测结果等，初步检测报告可参考附录 26、附录 27。

3.3.10　检测报告

附着力检测报告应符合国家标准《色漆和清漆　划格试验》GB/T 9286—2021、《色漆和清漆　拉开法附着力试验》GB/T 5210—2006 的相关要求，检测报告的主要内容包括：

（1）委托方名称，建设、勘察、设计、监理和施工单位，设计要求。

（2）工程名称、地点。

（3）检测目的，检测依据，检测数量，检测日期。

（4）检测人员。

（5）检测方法，检测仪器设备，检测过程。

（6）检测数据包括图片显示数值、胶带。

（7）检测结果表格及检测结论。

检测报告可参考附录 26、附录 27。

第4章

高强度螺栓及普通紧固件

螺栓是钢结构中的重要组成部分，分为高强度螺栓及普通紧固件，本章分别对高强度螺栓及普通紧固件进行介绍。

4.1 高强度螺栓

4.1.1 分类与标识

（1）按照外观和紧固方法分类，高强度螺栓可以分为大六角头型和扭剪型两种。

（2）按照性能等级分类，常见的有 8.8S 级、10.9S 级。在中国，常用的大六角头型高强度螺栓有 8.8S 级和 10.9S 级，而扭剪型高强度螺栓通常只有 10.9S 级。

（3）按照连接方式分类，高强度螺栓可分为摩擦连接、拉力连接和压力连接三种。

4.1.2 检测依据与抽样数量

（1）检测依据见表 4.1-1。

检测依据表 表 4.1-1

检测项目	检测参数	检测依据	评定依据
1	抗滑移系数	GB 50205—2020 GB/T 34478—2017	GB 50205—2020
2	硬度	GB/T 4340.1—2024 GB/T 230.1—2018	GB/T 1231—2006
3	紧固轴力	GB/T 3632—2008	GB/T 3632—2008
4	扭矩系数	GB/T 1231—2006	GB/T 1231—2006

（2）抽样数量：各试样规格数量见表 4.1-2～表 4.1-5、图 4.1-1。

试样规格及数量 表 4.1-2

检测参数	检测标准	试样规格	试样数量
抗滑移系数	GB 50205—2020，GB/T 34478—2017	抗滑移系数试验采用双摩擦面的两栓或三栓拼接拉伸试件，每套试件由 2 件芯板和 2 件盖板用高强度螺栓拼装组成，无特殊规定时应采用两栓拼接拉伸试件。 试样具体规格取样见表 4.1-4，板上开孔规格见表 4.1-5，两栓试件具体取样示意图见图 4.1-1	3 套试件

续表

检测参数		检测标准	试样规格	试样数量
紧固轴力		GB/T 3632—2008	各螺纹规格大于等于表 4.1-3 规格时，需做紧固轴力检测；在高强度螺栓试验仪工作长度允许情况下，若螺纹规格小于表 4.1-3 规格亦可做紧固轴力检测。被测螺栓应未损坏且未进行过试验	8 套（每套包含 1 根螺栓、1 个螺母、1 个垫圈）
扭矩系数		GB/T 1231—2006	须为未损坏且未进行过试验的高强度螺栓	8 套（每套包含 1 根螺栓、1 个螺母、2 个垫圈）
硬度	螺栓芯部硬度	GB/T 4340.1—2024 GB/T 230.1—2018	洛氏硬度：切取试样厚度应不小于残余压痕深度的 10 倍，且两端需磨平置于试验台上，无晃动；维氏硬度：试样或试验层厚度至少应为压痕对角线长度的 1.5 倍。且两端需磨平置于试验台上，无晃动	8 套
	螺母硬度		同一套上的螺母	8 套
	垫圈硬度		同一套上的垫圈	8 套

螺栓长度规格　　　　　　　　　　　表 4.1-3

螺纹规格	M16	M20	M22	M24	M27	M30
长度 l/mm	50	55	60	65	70	75

抗滑移系数取样规格　　　　　　　　表 4.1-4

螺纹规格	M12	M16	M20	M22	M24	M27	M30
板宽 b/mm	85	100	100	105	110	120	120

板上开孔规格　　　　　　　　　　　表 4.1-5

螺纹规格	M12	M16	M20	M22	M24	M27	M30
螺孔直径 d/mm	13.5	17.5	22	24	26	30	33

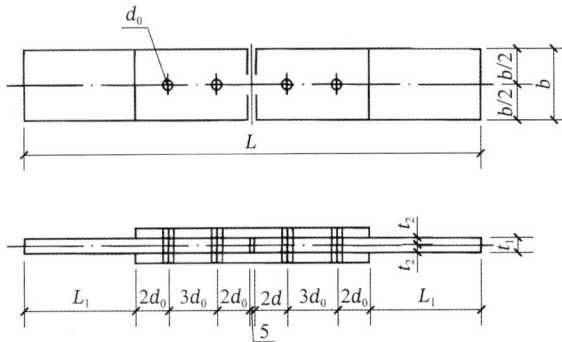

抗滑移系数试件的形式和尺寸

图 4.1-1　抗滑移系数取样规格图

L—试件总长度；L_1—试验机夹紧长度

注：$2t_2 \geqslant t_1$

4.1.3 检测参数

4.1.3.1 抗滑移系数

抗滑移系数是指在高强度螺栓连接中，使连接件摩擦面产生滑动时的外力与垂直于摩擦面的高强度螺栓预拉力之和的比值，是摩擦型螺栓连接的主要设计参数之一，直接影响构件的承载力。

4.1.3.2 硬度

螺栓的硬度包括螺栓芯部硬度、螺母硬度和垫圈硬度。一般采用洛氏硬度计或维氏硬度计测试螺栓的硬度，通过对螺栓进行压入试验来测量其硬度值。一般而言，螺栓材料的硬度值越大，其耐磨性和抗拉强度也就越高。螺栓硬度低于标准时，在使用中容易产生塑性变形，甚至崩裂，导致产品抗拉强度下降，发生安全事故。

4.1.3.3 紧固轴力

紧固轴力是指螺栓或螺母在紧固过程中所施加的预拉力，常用来衡量螺栓连接的紧固程度。

4.1.3.4 扭矩系数

扭矩系数是一个描述扭矩与旋转轴上施加的力之间关系的物理量。螺栓的扭矩系数 K 宏观上直接反映螺栓拧紧过程中的扭矩与轴力之间的系数，它不仅取决于摩擦面的摩擦系数，还取决于螺纹连接副的几何状况，如果螺纹有碰伤、锈蚀等缺陷，扭矩系数不可避免地存在一定的散差。

4.1.4 技术要求

4.1.4.1 抗滑移系数

由委托方提供抗滑移系数设计值，可参照表 4.1-6 和表 4.1-7。

钢材摩擦面抗滑移系数   表 4.1-6

连接处构件接触面的处理方法		钢结构的钢号			
		B235	Q345	Q390	Q420
普通钢结构	喷砂（丸）	0.45	0.50		0.50
	喷砂（丸）后生赤锈	0.45	0.50		0.50
	钢丝刷清除浮锈或未经处理的钢筋轧制表面	0.30	0.35		0.40
冷弯薄壁型钢结构	喷砂（丸）	0.40	0.45	—	—
	热轧钢材轧制表面清除浮锈	0.30	0.35	—	—
	冷轧钢材轧制表面清除浮锈	0.25	—	—	—

涂层摩擦面抗滑移系数　　　　　　表 4.1-7

涂层类型	钢材表面处理要求	涂层厚度/μm	抗滑仪系数
无机富锌漆	Sa2½	60～80	0.40
锌加底漆（ZINGA）		—	0.45
防滑防锈硅酸锌漆		80～120	0.45
聚氨酯富锌底漆或醇酸铁红底漆	Sa2 及以上	60～80	0.15

4.1.4.2 硬度技术要求

（1）芯部硬度技术要求见表 4.1-8。

芯部硬度技术要求　　　　　　表 4.1-8

性能等级	维氏硬度（HV30）		洛氏硬度（HRC）	
	最小值	最大值	最小值	最大值
10.9S	312	367	33	39
8.8S	249	296	24	31

（2）螺母硬度技术要求见表 4.1-9。

螺母硬度技术要求　　　　　　表 4.1-9

性能等级	维氏硬度（HV30）		洛氏硬度	
	最小值	最大值	最小值（HRB）	最大值（HRC）
10H	222	304	98	32
8H	206	289	95	30

（3）垫圈硬度技术要求见表 4.1-10。

垫圈硬度技术要求　　　　　　表 4.1-10

垫圈	维氏硬度（HV30）		洛氏硬度（HRC）	
	最小值	最大值	最小值	最大值
	329	436	35	45

4.1.4.3 紧固轴力技术要求见表 4.1-11。

紧固轴力技术要求　　　　　　表 4.1-11

螺纹规格		M16	M20	M22	M24	M27	M30
平均值/kN	公称	110	171	209	248	319	391
	最小值	100	155	190	225	290	355
	最大值	121	188	230	272	351	430
标准差/kN		10.0	15.5	19.0	22.5	29.0	35.5

4.1.4.4 扭矩系数：平均值 0.110～0.150、标准差 ≤ 0.0100。

4.1.5 试验准备

4.1.5.1 抗滑移系数

（1）试验原理：在拉力试验机上拉伸试件，使其产生滑动时的滑动力与栓接面滑动一侧的预拉力之和呈线性关系，由此得到抗滑移系数。

（2）温度规定：除非另有规定，试验一般在室温（10～35℃）范围内进行。对温度要求严格的试验，试验温度应为(23 ± 5)℃。试验所用设备仪器和试件，应在试验环境内至少放置 2h，方可开始试验，并记录环境温度。

（3）检测仪器：微机伺服万能试验机（图 4.1-2）、高强度螺栓压力传感器（扭力计）（图 4.1-3）、电动扭矩扳手（图 4.1-4）。

图 4.1-2　微机伺服万能试验机

图 4.1-3　高强度螺栓压力传感器（扭力计）和显示屏　　　　图 4.1-4　电动扭矩扳手

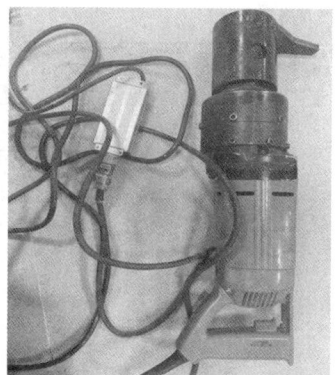

4.1.5.2 硬度

（1）温度规定：试验应在室温（10～35℃）下进行，对于温度要求严格的试样，温度为(23 ± 5)℃。

（2）检测仪器：洛氏硬度计（图 4.1-5）、维氏硬度计（图 4.1-6）。

图 4.1-5　洛氏硬度计　　　　图 4.1-6　维氏硬度计

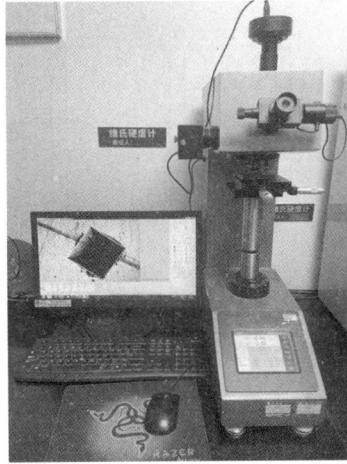

4.1.5.3　紧固轴力

检测仪器：高强度螺栓检测仪、扭力扳手。

4.1.5.4　扭矩系数

检测仪器：高强度螺栓检测仪（图 4.1-7）。

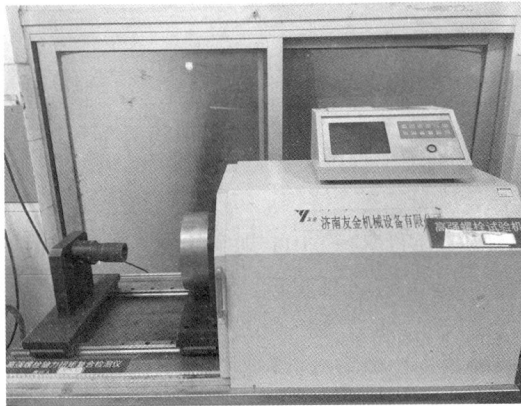

图 4.1-7　高强度螺栓检测仪

4.1.6　检测步骤

4.1.6.1　抗滑移系数

1）拼装试件

抗滑移系数试件的拼装应符合下列规定：将装有力传感器的高强度螺栓或不装力传感器的经预拉力复验的同批扭剪型高强度螺栓按图 4.1-8 和图 4.1-9 直接穿入试件螺孔，为了保证对中，也可以先将冲钉打入螺孔定位。拼装试件时，注意在螺栓与螺孔壁之间留出便于试件滑动的间隙。

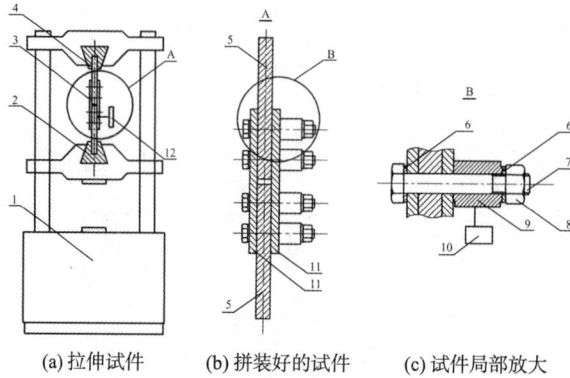

(a) 拉伸试件　　　　(b) 拼装好的试件　　　　(c) 试件局部放大

图 4.1-8　抗滑移系数试件

1—拉力试验机；2—下夹具；3—试件；4—上夹具；5—芯板；6—垫圈；7—螺栓；8—螺母；
9—力传感器；10—力传感器的指示仪表；11—盖板；12—位移测量装置

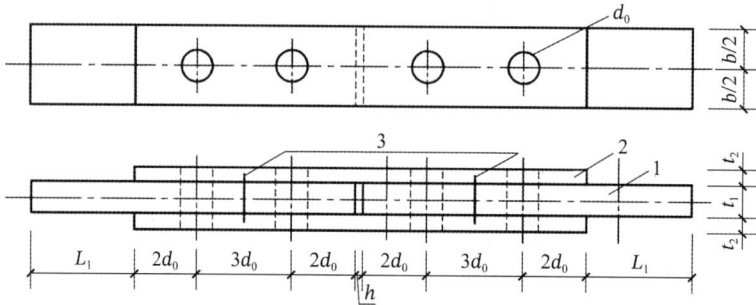

图 4.1-9　抗滑移系数试件

2）拧紧螺栓

可采用手动或自动的方法均匀平稳地拧紧高强度螺栓，施拧时应从试件中央的螺栓向两端对称进行。拧紧高强度螺栓应分初拧、终拧。初拧应使每个螺栓的预拉力达到行业标准《钢结构高强度螺栓连接技术规程》JGJ 82—2011 规定的设计预拉力值 P（或同批扭剪型高强度螺栓连接副复验的预拉力平均值）的 50%左右。终拧后，每个螺栓预拉力应控制在行业标准《钢结构高强度螺栓连接技术规程》JGJ 82—2011 规定的设计预拉力值 P 的 0.95～1.05 之间（或将扭剪型高强度螺栓的梅花头拧掉），读取螺栓预拉力实测值（或记录同批扭剪型高强度螺栓连接副复验的预拉力平均值）。当直接用同批扭剪型高强度螺栓连接副复验的预拉力平均值来计算抗滑移系数时，其误差可能比采用螺栓预拉力实测值计算的大。

3）画标记线和（或）安装位移测量装置

在试件上画出便于观察栓接面滑动的标记线和（或）安装位移测量装置。标记线的位置：对于两栓试件，应在试件每侧两螺孔中心间距的 1/2 处对应的侧面；对于三栓试件，应在试件每侧中间螺孔中心处对应的侧面。该项步骤也可在装夹试件之后进行。

4）装夹试件

将拼装好的试件装夹在拉力试验机上。装夹试件时，应使其轴线与试验机夹具中心严格对中。

5）拉伸试件

按国家标准《金属材料 拉伸试验 第 1 部分：室温试验方法》GB/T 228.1—2021 的规定对试件进行拉伸。加载时，先加载到滑移设计荷载值的 10% 左右，停顿 1min 后，再以 3～5kN/s 的加载速度平稳加载，拉伸直至试件栓接面滑动。

6）测定滑动力

当拉伸试验中发生以下情况之一时，对应的荷载为测定的滑动力：

（1）拉力试验机测力表盘的指针发生回针现象。

（2）试件侧面标记线发生错位。

（3）记录仪上显示的力-位移曲线发生突变。

（4）试件突然发出"嘣"的响声。

（5）位移测量装置显示试件栓接面发生的滑动位移为 0.15mm。

（6）记录滑移荷载。

7）结果分析

抗滑移系数 μ 按照式(4.1-1)计算：

$$\mu = \frac{N_{\mathrm{v}}}{n_{\mathrm{f}} \sum\limits_{i=1}^{m} P_{ti}}$$
（4.1-1）

式中：N_{v}——栓接面产生滑动一侧的滑动力（kN）；

$\quad$ n_{f}——传力摩擦面数目，取 2；

$\quad$ $\sum\limits_{i=1}^{m} P_{ti}$——试件滑动一侧的螺栓连接副预拉力实测值（或同批扭剪型高强度螺栓连接副复验的预拉力平均值）之和，单位为 kN；

$\quad$ m——试件一侧的螺栓数目，两栓试件取 2，三栓试件取 3。

试验测定的抗滑移系数结果数值应按照《数值修约规则与极限数值的表示和判定》GB/T 8170—2008 进行修约，修约至 0.01。

4.1.6.2　硬度

1）芯部硬度

（1）洛氏硬度

将试样平稳地放在洛氏硬度计的刚性支撑台上，试样表面不应存在污物。将试样稳固地放置在试验台上，确保其在试验中不发生位移。试验在距螺杆末端等于一个螺纹直径的截面上扭剪型高强度螺栓的 1/2 半径处进行（大六角头高强度螺栓为 1/4）。选用与标尺相对应的压头及加载力，使压头与试样表面接触，垂直于试验面施加试验力，直至达到规定试验力值。无冲击、振动、摆动和过载地施加主试验力 F_1，使试验力从初试验力 F_0 增加至总试验力 F。洛氏硬度主试验力的加载时间为 1～8s，总试验力 F 的保持时间为 2～6s，卸除主试验力 F_1，初试验力 F_0 保持 1～5s 后，读取最终读数，记录试验硬度值。对于在总试验力施加期间有压痕蠕变的试验材料，由于压头可能会持续压入，所以应特别注意。若材料要求的总试验力保持时间超过标准所允许的 6s 时，实际的总试验力保持时间应在试验结果中注明。每个试样进行 4 次试验，取后 3 个点的硬度平均值作为结果，且相邻 2 个点的距离不应小于 3 倍压头直径，同时距离边缘不小于 2.5 倍压头直径。

（2）维氏硬度

将试样平稳地放在维氏硬度计的支撑台上，试样表面不应存在污物。将试样稳固地放置在试验台上，确保其在试验中不发生位移。试验在距螺杆末端等于一个螺纹直径的截面上的扭剪型高强度螺栓的 1/2 半径处进行（大六角头高强度螺栓为 1/4）。使压头与试样表面接触，垂直于试验面施加试验力，加力过程中不应有冲击和振动，直至试验力达到规定值。从开始加力至全部试验力施加完毕的时间应在 2～8s 之间，试验力保持时间为 10～15s。在整个试验期间，硬度计应避免受到冲击和振动。然后卸载试验力，指针稳定后读数，记录两对角线长度数据。每个试样进行 4 次试验，取后 3 个点的硬度平均值作为结果，且任一压痕中心到试样边缘距离至少应为压痕对角线长度的 2.5 倍；两相邻压痕中心之间的距离至少应为压痕对角线长度的 3 倍；如果相邻压痕大小不同，应以较大压痕确定压痕间距。

维氏硬度值计算：应测量压痕两条对角线的长度，用其算术平均值计算，维氏硬度 = 0.102 × 试验力/压痕表面积 = 0.1891 × 试验力/两对角线长度平均值的平方；计算维氏硬度值，也可按《金属材料 维氏硬度试验 第 4 部分：硬度值表》GB/T 4340.4—2022 查出维氏硬度值。

2）螺母硬度

（1）洛氏硬度

试验在支承面上进行，每个试样进行 4 次试验，取后 3 个点的硬度平均值作为结果，试验步骤参照芯部硬度。

（2）维氏硬度

试验在支承面上进行，每个试样进行 4 次试验，取后 3 个点的硬度平均值作为结果，试验步骤参照芯部硬度。

3）垫圈硬度

（1）洛氏硬度

试验在支承面上进行，每个试样进行 4 次试验，取后 3 个点的硬度平均值作为结果，试验步骤参照芯部硬度。

（2）维氏硬度

试验在支承面上进行，每个试样进行 4 次试验，取后 3 个点的硬度平均值作为结果，试验步骤参照芯部硬度。

4.1.6.3 紧固轴力

（1）进行扭剪型高强度螺栓连接副紧固轴力试验时，应同时记录环境温度。试验所用的机具、仪表及试样均应放置在该环境内至少 2h。检查高强度螺栓试验仪各功能是否正常，检查螺栓试样有无损伤等不满足试验要求的情况，确认无误后，需设置大于该组试样对应性能等级所需的最大公称紧固轴力的力值，设置完成后根据螺栓试验的尺寸选择相应的套具安装在试验仪上，将试验仪显示屏的荷载和扭矩清零，后将组装试样置于试验仪的轴力计上，每套螺栓只能试验一次，不得重复使用。组装试样时，螺母下的垫圈有倒角的一侧应朝向螺母支承面。试验时，垫圈不得发生转动，否则试验无效。用电动扭矩扳手将螺栓拧至梅花头断开，记录最大轴力值 P。

（2）结果计算：计算 8 个连接副的紧固轴力平均值及标准差。

4.1.6.4 扭矩系数

（1）进行大六角头高强度螺栓连接副扭矩系数试验时，应同时记录环境温度。试验所用的机具、仪表及试样均应放置在该环境内至少 2h。检查高强度螺栓试验仪功能是否正常，检查螺栓试样有无损伤等不满足试验要求的情况，确认无误后，设置该组试样对应性能等级所需的预拉力；设置完成后根据螺栓试验的尺寸选择相应的套具安装在试验仪上，将试验仪显示屏的荷载和扭矩清零，然后将组装试样置于试验仪的轴力计和扭矩计上。组装试样时，螺母下的垫圈有倒角的一侧应朝向螺母支承面。每套螺栓只能试验一次，不得重复使用。试验时，垫圈不得发生转动，否则试验无效。启动试验，螺栓拧至轴力规定范围内，记录轴力 P 及扭矩 T。

（2）结果计算：

扭矩系数 $K = T/(P \times d)$，其中，d 为螺栓公称直径。

计算 8 个连接副的扭矩系数平均值及标准差，结果判定见表 4.1-12。

扭矩系数结果判定表

表 4.1-12

螺栓螺纹规格			M12	M16	M20	M22	M24	M27	M30
性能等级	10.9S	P	最大值	66	121	189	231	275	352	429
			最小值	54	99	153	189	225	288	351
	8.8S		最大值	55	99	154	182	215	281	341
			最小值	45	81	126	149	176	230	279

4.1.7 检测实例

4.1.7.1 抗滑移系数

某两栓大六角高强度螺栓抗滑移系数试件上侧螺栓预拉力为 170.70kN 和 168.60kN，下侧螺栓预拉力为 168.94kN 和 171.00kN，将试件置于万能试验机中，测得滑移力为 350.00kN，且上侧发生滑移；求该试样的抗滑移系数。

由于上侧滑移，故使用上侧滑移值计算，即 350.00/[2 × (170.70 + 168.60)] = 0.52，该试件的抗滑移系数为 0.52。

4.1.7.2 紧固轴力

经检测，某 M20 紧固轴力试件紧固轴力平均值为 180kN，标准差为 10.0。由国家标准《钢结构用扭剪型高强度螺栓连接副》GB/T 3632—2008 可知 M20、10.9S 等级的紧固轴力力值范围为 155~188kN，且标准差 ≤15.5，故该试样结果在标准规定的允许范围内，紧固轴力符合要求。

4.1.7.3 扭矩系数

某 M20 扭矩系数试件预拉力峰值为 170kN，经检测其中一个试件扭矩实测值为 405N·m，求该试件的扭矩系数。

扭矩系数 = 405/(170 × 20) = 0.119。

4.1.8 检测报告

4.1.8.1 抗滑移系数

抗滑移系数报告需包含：检测机构全称、工程信息、报告编号、试样编号、螺栓种类、螺栓规格、螺栓炉批号、螺栓等级、生产厂家、钢板材质、钢板板面处理方式、制造批、检测依据、抗滑移系数设计要求、滑移板试件滑移侧螺栓轴力、滑移荷载、抗滑移系数最小值、结论、检测员签章、审核员签章、批准人签章、附加说明等。

4.1.8.2 硬度

硬度报告需包含：检测机构全称、工程信息、报告编号、试样编号、试样名称、螺栓种类、螺栓规格、螺栓炉批号、螺栓等级、生产厂家、代表批量、检测依据、技术要求、实测硬度平均值、结论、检测员签章、审核员签章、批准人签章、附加说明等。

4.1.8.3 紧固轴力

紧固轴力报告需包含：检测机构全称、工程信息、报告编号、试样编号、试样名称、螺栓种类、螺栓规格、螺栓炉批号、螺栓等级、生产厂家、代表批量、检测依据、技术要求、紧固轴力结果、结论、检测员签章、审核员签章、批准人签章、附加说明等。

4.1.8.4 扭矩系数

扭矩系数报告需包含：检测机构全称、工程信息、报告编号、试样编号、试样名称、螺栓种类、螺栓规格、螺栓炉批号、螺栓等级、生产厂家、代表批量、检测依据、技术要求、扭矩系数结果、结论、检测员签章、审核员签章、批准人签章、附加说明等。

4.2 普通紧固件

4.2.1 分类和标识

（1）普通紧固件按用途可以分为连接螺栓和定位螺栓两种。连接螺栓主要用于机械设备的连接，通过紧固螺母使连接紧固；定位螺栓则一般用于固定定位，在机械设备上处于一个固定不可调的位置。

（2）普通紧固件可以按材质分为碳素钢螺栓、合金钢螺栓、不锈钢螺栓、铜螺母、铜柱等。常见的螺栓材质有 Q235、45Cr、40Cr、35CrMo、42CrMo、1Cr18Ni9Ti、2Cr13 等。此外，还可以按材质分为碳钢螺栓、不锈钢螺栓、铜螺栓、钛合金螺栓等。

（3）普通紧固件可以按牙型分为三角牙螺栓和梯形牙螺栓两种。三角牙螺栓的螺母牙型为三角形，梯形牙螺栓牙形为梯形。

（4）普通紧固件可以按制作精度分为 A、B、C 三个等级。A、B 级为精制螺栓，C 级为粗制螺栓。

（5）普通紧固件还可以按形状分类，如六角头螺栓、圆头螺栓、沉头螺栓、锁紧螺栓等；或者按性能等级分类，如 4.6 级、4.8 级、5.8 级、6.8 级、8.8 级、9.8 级、10.9 级、12.9级等。

4.2.2　检验依据与抽样数量

4.2.2.1　检验依据（表 4.2-1）

表 4.2-1

检验依据表

检测项目	检测参数	检测依据	评定依据
普通紧固件	最小拉力荷载	GB/T 3098.1—2010	GB/T 3098.1—2010

4.2.2.2　抽样数量（表 4.2-2）

表 4.2-2

抽样数量表

检测参数	检测标准	试样规格	试样数量
最小拉力荷载	GB/T 3098.1—2010	工作长度满足试验仪器和夹具要求；必须是未损坏且未进行过试验的普通螺栓	8 套

4.2.3　检测参数

最小拉力荷载是一种拉伸荷载，从力学的角度讲，拉伸荷载是指物体拉伸所需要的外力，也就是将物体从原始长度拉伸到另外一个长度时所需要的力。它与物体的材料有关，一般来说，弹性材料抗拉伸极限荷载要大于非弹性材料。若拉伸力大于承载能力，则物体会发生破坏。拉伸荷载是一个重要的参数，一般用检测物体的强度与稳定性。

4.2.4　技术要求

4.2.4.1　粗牙螺纹最小拉力荷载（表 4.2-3）

表 4.2-3

最小拉力荷载（粗牙螺纹）（单位：N）

螺纹规格	螺纹公称应力截面积[①] $A_{s,公称}$ /mm²	性能等级								
		4.6	4.8	5.6	5.8	6.8	8.8	9.8	10.9	12.9/<u>12.9</u>
M3	5.03	2010	2110	2510	2620	3020	4020	4530	5230	6140
M3.5	6.78	2710	2850	3390	3530	4070	5420	6100	7050	8270
M4	8.78	3510	3690	4390	4570	5270	7020	7900	9130	10700
M5	14.2	5680	5960	7100	7380	8520	11350	12800	14800	17300
M6	20.1	8040	8440	10000	10400	12100	16100	18100	20900	24500
M7	28.9	11600	12100	14400	15000	17300	23100	26000	30100	35300
M8	36.6	14600[②]	15400	18300[②]	19000	22000	29200[②]	32900	38100[②]	44600
M10	58	23200[②]	24400	29000[②]	30200	34800	46400[②]	52200	60300[②]	70800
M12	84.3	33700	35400	42200	43800	50600	67400[③]	75900	87700	103000

螺纹规格	螺纹公称应力截面积①$A_{s,公称}$/mm²	性能等级								
		4.6	4.8	5.6	5.8	6.8	8.8	9.8	10.9	12.9/12.9
M14	115	46000	48300	57500	59800	69000	92000③	104000	120000	140000
M16	157	62800	65900	78500	81600	94000	125000③	141000	163000	192000
M18	192	76800	80600	96000	99800	115000	159000	—	200000	234000
M20	245	98000	10300	122000	127000	147000	203000	—	255000	299000
M22	303	121000	127000	152000	158000	182000	252000		315000	370000
M24	353	141000	148000	176000	184000	212000	293000		367000	431000
M27	459	184000	193000	230000	239000	275000	381000		477000	560000
M30	561	224000	236000	280000	292000	337000	466000		583000	684000
M33	694	278000	292000	347000	361000	416000	576000		722000	847000
M36	817	327000	343000	408000	425000	490000	678000		850000	997000
M39	976	390000	410000	488000	508000	586000	810000		1020000	1200000

①$A_{s,公称}$ 的计算：$A_{s,公称} = (\pi/4) \times [(d_2 + d_3)/2]^2$，$d_2$ 为螺纹中径的基本尺寸（mm），d_3 为螺纹小径的基本尺寸 d_1 减去螺纹原始三角形高度 H 的 1/6，即 $d_3 = d_1 - H/6$。

②6az 螺纹（GB/T 22029）的热浸镀锌紧固件，应按 GB/T 5267.3 中附录 A 的规定。

③对栓接结构为：50700N（M12）、68800N（M14）和 94500N（M16）。

4.2.4.2 细牙螺纹最小拉力荷载（表4.2-4）

最小拉力荷载（细牙螺纹）（单位：N）　　　　表 4.2-4

螺纹规格/$d \times P$	螺纹公称应力截面积①$A_{s,公称}$/mm²	性能等级								
		4.6	4.8	5.6	5.8	6.8	8.8	9.8	10.9	12.9/12.9
M8 × 1	39.2	15700	16500	19600	20400	23500	31360	353000	40800	47800
M10 × 1.25	61.2	24500	25700	30600	31800	36700	49000	55100	63600	74700
M10 × 1	64.5	25800	27100	32300	33500	38700	51600	58100	67100	787000
M12 × 1.5	88.1	35200	37000	44100	45600	52900	70500	79300	91600	107000
M12 × 1.25	92.1	36800	38700	46100	47900	55300	73700	82900	95800	112000
M14 × 1.5	125	50000	52500	62500	65000	75000	100000	112000	130000	152000
M16 × 1.5	167	66800	70100	83500	86800	100000	134000	150000	174000	204000
M18 × 1.5	216	86400	90700	108000	112000	130000	179000	—	225000	264000
M20 × 1.5	272	109000	114000	136000	141000	163000	226000	—	283000	332000
M22 × 1.5	333	133000	140000	166000	173000	200000	276000		346000	406000
M24 × 2	384	154000	161000	192000	200000	230000	319000		399000	469000
M27 × 2	496	198000	208000	248000	258000	298000	412000		516000	605000
M30 × 2	621	248000	261000	310000	323000	373000	515000	—	646000	758000

螺纹规格/ $d \times P$	螺纹公称应力截面积[①] $A_{s,公称}$ /mm²	性能等级								
		4.6	4.8	5.6	5.8	6.8	8.8	9.8	10.9	12.9/<u>12.9</u>
M33 × 2	761	304000	320000	380000	396000	457000	632000	—	791000	928000
M36 × 3	865	346000	363000	432000	450000	519000	718000	—	900000	1055000
M39 × 3	1030	412000	433000	515000	536000	618000	855000	—	1070000	1260000
M39	976	390000	410000	488000	508000	586000	810000	—	1020000	1200000

①$A_{s,公称}$ 的计算：$A_{s,公称} = (\pi/4) \times [(d_2 + d_3)/2]^2$。

4.2.4.3　断裂位置

断裂应发生在杆部或螺纹部分，而不应发生在螺头与杆部的交接处。

4.2.5　试验准备

检测仪器：微机伺服万能试验机，如图 4.2-1 所示。

图 4.2-1　微机伺服万能试验机

4.2.6　检测步骤

（1）内螺纹夹具及精度应符合国家标准《紧固件机械性能 螺栓、螺钉和螺柱》GB/T 3098.1—2010 第 9.1.4 条规定，为避免试件承受横向荷载，试验机的夹具应能自动调正中心，将螺栓拧入内螺纹夹具，承受拉力荷载的未旋合的螺纹长度应为螺距 6 倍以上。选择合适量程的万能试验机（建议试验选择的试验机试件破坏荷载在试验机量程的 20%～80% 之间）。参考试验标准 GB/T 3098.1—2010 第 9.2.3 条对设备的建议和要求，根据钢筋直径选用尺寸和形状相匹配的夹头，以避免在夹持过程中产生应力集中。查阅万能试验机的操作指南，按照指导顺序打开油泵和试验软件，确保夹头在空载情况下力值清零，以检查万能试验机状态是否良好；然后将试件装上万能试验机，横梁以不大于 25mm/min 的速率拉伸试样至破坏，记录最大值及断裂位置。

（2）结果判定：结果应符合表 4.2-3 和表 4.2-4 的要求。

4.2.7 检测实例

【案例】某螺栓规格 M20、性能等级 8.8 级，粗牙螺纹试样，经检测单个螺栓拉力荷载值为 210.000kN，且断裂位置为螺纹部分。经查国家标准《紧固件机械性能 螺栓、螺钉和螺柱》GB/T 3098.1—2010 可知粗牙螺纹该直径等级的拉力标准值应 ≥ 203.000kN，断裂应发生在杆部或螺纹部分，而不应发生在螺头与杆部的交接处，故该试样拉力值和断裂位置在标准技术要求允许范围内，符合要求。

4.2.8 检测报告

最小拉力荷载报告需包含：检测机构全称、工程信息、报告编号、试样编号、试样名称、螺栓种类、螺栓规格、螺栓炉批号、螺栓等级、生产厂家、代表批量、检测依据、技术要求、拉力荷载值、结论、检测员签章、审核员签章、批准人签章、附加说明等。

检测报告可参考附录 28。

第 5 章

构件位置与尺寸

钢结构构件位置与尺寸是评定钢结构工程施工质量是否达到验收标准的重要检测项目之一。合适的构件尺寸能确保单根构件满足规范要求和设计计算时的受力安全，正确的构件位置则能确保构件整体按设计计算时的受力安全，对结构整体稳定性和安全性具有重要意义。

本章详细阐述了钢结构构件截面尺寸、弯曲矢高、垂直度、侧向弯曲、结构挠度、轴线位置以及标高等检测项目、检测依据以及检测过程的详细步骤和检测结果判断，最后提供了钢结构构件位置与尺寸的检测报告模板。

5.1 检测依据

钢结构构件位置与尺寸参数的检测依据主要有：
（1）国家标准《钢结构工程施工质量验收标准》GB 50205—2020。
（2）国家标准《钢结构现场检测技术标准》GB/T 50621—2010。

5.2 检测前准备工作

检测前需做好进场准备工作，应逐一检查以下条件是否满足进场检测要求：
（1）收集被检钢结构的资料：钢结构构件设计尺寸、构件位置等设计施工图纸资料。
（2）回收由建设、施工等相关单位填写的《钢结构构件施工情况汇总表》（表 5.2-1）。

钢结构构件施工情况汇总表　　表 5.2-1

工程名称		委托单位		
结构形式		提供资料	□设计图纸　□产品信息	
检测项目				
构件类型	设计截面尺寸	钢材类型	构件数量	备注

填表人：　　　　　　联系电话：　　　　　　日期：　　　　　　监理/建设方确认：

（3）检测方案完整且上传监管系统（如需）。

（4）与现场相关人员沟通进场时间和钢构件面层打磨处理情况。

（5）在检测监管系统登记备案拟进场检测人员（如需）。

（6）在检测监管系统登记进场时间和检测内容（如需）。

（7）检测人员具备相应的上岗证（如需）。

（8）全站仪、超声波测厚仪等设备正常运行且电量充足。

（9）全站仪、超声波测厚仪等设备在正常检定或校准有效期内。

5.3 现场检测操作

钢结构构件位置与尺寸现场检测应参考构件截面尺寸检测、构件弯曲矢高检测、构件轴线位置检测、构件垂直度检测等内容实施，并填写相应的检测原始记录表。

5.3.1 构件截面尺寸检测概述

构件截面尺寸是决定构件截面承受内力的关键参数，包括截面直径、高度、宽度、壁厚等。

（1）检测方法：主要采用钢尺、角尺、游标卡尺、超声波测厚仪等检测。

（2）测量前，需与现场相关人员沟通，提前将被测钢构件检测部位打磨至原钢面，且每个构件不宜少于 3 个测点。

（3）测量过程中，需保持钢尺等仪器同检测截面轴线平行，以减小测量误差。

（4）采用超声波测厚仪检测前，需校准仪器，待仪器无误后方可使用。

（5）超声波测厚仪使用时，需在探头与被测构件间涂上耦合剂，确保探头与被测构件之间无空气影响。

（6）现场检测作业时填写原始记录表，可参考附录 29。

5.3.2 构件截面尺寸检测结果判断

（1）焊接 H 型钢组装尺寸的允许偏差应符合表 5.3-1 的规定。检查数量：按钢构件数抽查 10%，且不应少于 3 件。

焊接 H 型钢组装尺寸的允许偏差   表 5.3-1

项目		允许偏差	图例
截面高度 h	$h < 500mm$	±2.0mm	
	$500mm \leqslant h \leqslant 1000mm$	±3.0mm	
	$h > 1000mm$	±4.0mm	
截面宽度 b		±3.0mm	

（2）箱形截面的焊接连接的允许偏差应符合表 5.3-2 的规定。检查数量：按钢构件数抽查 10%，且不应少于 3 件。

箱形截面焊接连接的允许偏差　　　　　　　　表 5.3-2

项目	允许偏差	图例
箱形截面高度 h	±2.0mm	
宽度 b	±2.0mm	
垂直度 Δ	$b/200$，且不大于 3.0mm	

（3）单节钢柱外形尺寸的允许偏差应符合表 5.3-3 的规定。检查数量：按钢构件数抽查 10%，且不应少于 3 件。

单节钢柱外形尺寸的允许偏差　　　　　　　　表 5.3-3

项目	允许偏差	检查方法	图例
柱底面到柱端与桁架连接的最上一个安装孔距离 l	$±l/1500$，且不超过 ±15.0mm	用钢尺检查	
柱底面到牛腿支承面距离 l_1	$±l_1/2000$，且不超过 8.0mm	用钢尺检查	
柱截面几何尺寸（连接处）	±3.0mm	用拉线、吊线和钢尺检查	
柱截面几何尺寸（非连接处）	±4.0mm	用钢尺检查	

（4）多节钢柱外形尺寸的允许偏差应符合表 5.3-4 的规定。检查数量：按钢构件数抽查 10%，且不应少于 3 件。

多节钢柱外形尺寸的允许偏差　　　　　　　　表 5.3-4

项目	允许偏差	检查方法	图例
一节柱高度 H	±3.0mm		
两端最外侧安装孔距离 l_3	±2.0mm		
铣平面到第一排安装孔距离 a	±1.0mm	用钢尺检查	
牛腿端孔到柱轴线距离 l_2	±3.0mm		
柱截面尺寸（连接处）	±3.0mm		
柱截面尺寸（非连接处）	±4.0mm		

（5）双箱体截面钢柱外形尺寸的允许偏差应符合表 5.3-5 的规定。检查数量：按钢构件数抽查 10%，且不应少于 3 件。

双箱体截面钢柱外形尺寸的允许偏差　　　　表 5.3-5

项目	允许偏差		图例
箱形截面高度 h	连接处	±4.0mm	
	非连接处	+8.0mm −4.0mm	
翼板宽度 b	±2.0mm		
腹板间距 b_0	±3.0mm		
翼板间距 h_0	±3.0mm		
垂直度 Δ	$h/150$，且不大于 6.0mm		

（6）三箱体截面钢柱外形尺寸的允许偏差应符合表 5.3-6 的规定。检查数量：按钢构件数抽查 10%，且不应少于 3 件。

三箱体截面钢柱外形尺寸的允许偏差　　　　表 5.3-6

项目	允许偏差		图例
箱形截面高度 h	连接处	±4.0mm	
	非连接处	+8.0mm −4.0mm	
翼板宽度 b	±2.0mm		
腹板间距 b_0	±3.0mm		
翼板间距 h_0	±3.0mm		
垂直度 Δ	不大于 6.0mm		

（7）特殊箱体截面钢柱外形尺寸的允许偏差应符合表 5.3-7 的规定。检查数量：按钢构件数抽查 10%，且不应少于 3 件。

特殊箱体截面钢柱外形尺寸的允许偏差　　　　表 5.3-7

项目	允许偏差		图例
箱形截面尺寸 h	连接处	±5.0mm	
	非连接处	+12.0mm −5.00mm	
腹板间距 b_0	±3.0mm		
翼板间距 h_0	±3.0mm		
垂直度 Δ	$h/150$，且不大于 5.0mm		
箱形截面尺寸 b	±2.0mm		

（8）焊接实腹钢梁外形的尺寸允许偏差应符合表 5.3-8 的规定。检查数量：按钢构件数

抽查 10%，且不应少于 3 件。

焊接实腹钢梁外形尺寸的允许偏差　　　　　表 5.3-8

项目		允许偏差	检查方法	图例
梁长度	端部有凸缘支座板	0 −5.0mm	用钢尺检查	
	其他形式	±l/2500， 且不超过 ±5.0mm		
端部高度 h	h ≤ 2000mm	±2.0mm		
	h > 2000mm	±3.0mm		

（9）钢桁架外形尺寸偏差应符合表 5.3-9 的规定。检查数量：按钢构件数抽查 10%，且不应少于 3 件。

钢桁架外形尺寸的允许偏差　　　　　表 5.3-9

项目		允许偏差	检查方法	图例
桁架最外端两个孔或两端支承面最外侧距离 l	l ≤ 24m	+3.0mm −7.0mm	用钢尺检查	
	l > 24m	+5.0mm −10.0mm		
桁架跨中高度		±10.0mm		

（10）钢管构件外形尺寸偏差应符合表 5.3-10 的规定。检查数量：按钢构件数抽查 10%，且不应少于 3 件。

钢管构件外形尺寸的允许偏差　　　　　表 5.3-10

项目	允许偏差	检查方法	图例
直径 d	±d/250， 且不超过 ±5.0mm	用钢尺检查	
构件长度 l	±3.0mm		
管端面、管轴线垂直度	d/500， 且不大于 ±3.0mm	用角尺、塞尺和百分表检查	

若钢管构件为无缝钢管，尺寸偏差应符合表 5.3-11 的规定。

无缝钢管尺寸的允许偏差   表 5.3-11

项目				允许偏差
外径D	热轧（扩）钢管			±1%D 或 ±0.5mm，取较大者
	冷拔（轧）钢管			±0.75%D 或 ±0.3mm，取较大者
壁厚S	热轧钢管	D ≤ 102mm		±12.5%S 或 ±0.4mm，取较大者
		D > 102mm	S/D ≤ 0.05	±15%S 或 ±0.4mm，取较大者
			0.05 < S/D ≤ 0.10	±12.5%S 或 ±0.4mm，取较大者
			S/D > 0.10	±12.5%S −10%S
	热扩钢管			±15%S
	冷拔（轧）钢管	S ≤ 3mm		±12.5%S −10%S 或 ±0.15mm，取较大者
		3mm < S ≤ 10mm		±12.5%S −10%S
		10mm < S		±10%S

（11）墙架、檩条、支撑系统钢构件外形尺寸偏差应符合表 5.3-12 的规定。检查数量：按钢构件数抽查 10%，且不应少于 3 件。

墙架、檩条、支撑系统钢构件外形尺寸的允许偏差   表 5.3-12

项目	允许偏差	检查方法
构件长度 l	±4.0mm	用钢尺检查
构件两端最外侧安装孔距离 l_1	±3.0mm	
截面尺寸	+5.0mm −2.0mm	

（12）钢平台、钢梯和防护钢栏杆外形尺寸偏差应符合表 5.3-13、表 5.3-14 的规定。检查数量：按钢构件数抽查 10%，且不应少于 3 件。

钢平台外形尺寸的允许偏差   表 5.3-13

项目	允许偏差	检查方法	图例
平台长度和宽度	±5.0mm	用钢尺检查	
平台两对角线差 $\|l_1 - l_2\|$	6.0mm		
平台支柱高度	±3.0mm		

钢梯和防护钢栏杆外形尺寸的允许偏差　　　　　表 5.3-14

项目	允许偏差	检查方法	图例
梯梁长度 l	±5.0mm	用钢尺检查	
钢梯宽度 b	±5.0mm		
钢梯安装孔距离 a	±3.0mm		
踏步（棍）间距 a_1	±3.0mm		
栏杆高度	±3.0mm		
栏杆立柱间距	±5.0mm		

（13）钢平台、栏杆安装允许偏差应符合表 5.3-15 的规定。检查数量：按钢平台总数抽查 10%，且不应少于 1 件；栏杆、钢梯按总长度各抽查 10%，栏杆不应少于 5m，钢梯不应少于 1 跑。

钢平台、栏杆安装的允许偏差　　　　　表 5.3-15

项目	允许偏差	检查方法
平台高度	±10.0mm	用钢尺检查
栏杆高度	±5.0mm	
栏杆立柱间距	±5.0mm	

（14）檩条、墙梁间距偏差应符合表 5.3-16 的规定。检查数量：按钢构件数抽查 10%，且不应少于 3 件。

檩条、墙梁间距的允许偏差　　　　　表 5.3-16

项目	允许偏差	检查方法
檩条、墙梁的间距	±5.0mm	用钢尺检查

（15）主体钢结构总高度允许偏差应符合表 5.3-17 的规定。检查数量：按标准柱列数抽查 10%，且不应少于 4 列。

主体钢结构总高度的允许偏差　　　　　表 5.3-17

项目		允许偏差	图例
用相对标高控制安装		$\pm\sum(\Delta_h + \Delta_z + \Delta_w)$	
用设计标高控制安装	单层	$H/1000$，且不大于 20.0mm $-H/1000$，且不小于 -20.0mm	
	高度 60m 以下的多高层	$H/1000$，且不大于 30.0mm $-H/1000$，且不小于 -30.0mm	
	高度 60~100m 的高层	$H/1000$，且不大于 50.0mm $-H/1000$，且不小于 -50.0mm	
	高度 100m 以上的高层	$H/1000$，且不大于 100.0mm $-H/1000$，且不小于 -100.0mm	

（16）钢网架、网壳结构小拼单元尺寸允许偏差应符合表 5.3-18 的规定。检查数量：按单元数抽查 5%，且不应少于 3 个。

钢网架、网壳结构小拼单元尺寸允许偏差　　　　　表 5.3-18

项目	允许偏差	
网格尺寸 l	$l \leqslant 5000mm$	±2.0mm
	$l > 5000mm$	±3.0mm
锥体（桁架）高度 h	$h \leqslant 5000mm$	±2.0mm
	$h > 5000mm$	±3.0mm
对角线尺寸 A	$A \leqslant 7000mm$	±3.0mm
	$A > 7000mm$	±4.0mm

（17）钢网架、网壳结构安装尺寸允许偏差应符合表 5.3-19 的规定。检查数量：全数检查。

钢网架、网壳结构安装尺寸允许偏差　　　　　表 5.3-19

项目	允许偏差
纵向、横向长度 l	$\pm l/2000$，且不超过 ±40.0mm
支座中心偏移 l	$l/3000$，且不大于 30.0mm
周边支承网架、网壳相邻支座高差 l_1	$l_1/400$，且不超过 15.0mm
多点支承网架、网壳相邻支座高差 l_1	$l_1/800$，且不超过 30.0mm
支座最大高差	30.0mm
项目	允许偏差

（18）拉索尺寸允许偏差应符合表 5.3-20 的规定。检查数量：全数检查。

拉索尺寸允许偏差　　　　　表 5.3-20

项目	允许偏差	
拉索、拉杆直径 d	$+0.015d$ $-0.010d$	
带外包层索体直径	$+2mm$ $-1mm$	
索杆长度 l	$l \leqslant 50m$	±15mm
	$50m < l < 100m$	±20mm
	$l \geqslant 100m$	$\pm 0.0002l$

（19）膜单元尺寸允许偏差应符合表 5.3-21 的规定。检查数量：全数检查。

膜单元尺寸允许偏差　　　　　表 5.3-21

膜材	允许偏差
PTFE 膜材	±10mm
PVC 膜材	±15mm

膜材	允许偏差
ETFE 膜材	±5mm

5.3.3　构件截面尺寸检测案例分析

钢构件不同种类、截面的测量方法与允许偏差不同，现结合实测案例进行钢构件截面尺寸分析判定。

【案例 1】某体育馆屋架采用网架结构，骨架主要由钢管构件与网架螺栓球组成，钢管选用无缝热轧钢管，杆件规格为 $\phi 60mm \times 3.0mm$，现场实测规格为 $\phi 60.3mm \times 2.8mm$，由表 5.3-11 可知杆件外径和壁厚偏差均符合要求。

5.3.4　构件弯曲矢高检测概述

弯曲矢高是体现钢结构构件变形能力的一项参数，是指构件上距离构件连线中点的最大值，即拱形的两拱脚的连线到拱形最高点的距离，也称挠度。侧向弯曲矢高是指荷载或其他作用下，钢结构的侧向发生了变形，中部变形最大处的变形量。

（1）检测方法：主要采用拉线、吊线、钢尺、经纬仪、全站仪等检测。

（2）如现场条件允许，通常采用拉线或吊线与钢尺相结合的方法进行检测。

（3）测量过程中，拉线应牢固固定在构件两端，并施加一定拉力使其绷直，用钢尺测量构件起拱最大处与拉线的距离，并记录读数。

（4）采用经纬仪或全站仪前，需确定仪器位置，确保测量同一构件时仪器不移动。

（5）现场检测作业时填写原始记录表，可参考附录 30。

5.3.5　构件弯曲矢高检测结果判断

（1）钢板、型钢冷矫正的最小曲率半径和最大弯曲矢高应符合表 5.3-22 的规定。检查数量：按冷矫正的件数抽查 10%，且不应少于 3 个。

冷矫正的最小曲率半径和最大弯曲矢高　　　　表 5.3-22

钢材类别	图例	对应轴	冷矫正	
			最小曲率半径 r	最大弯曲矢高 f
钢板扁钢		$x\text{-}x$	$50t$	$\dfrac{l^2}{400t}$
		$y\text{-}y$（仅对扁钢轴线）	$100b$	$\dfrac{l^2}{800b}$
角钢		$x\text{-}x$	$90b$	$\dfrac{l^2}{720b}$
槽钢		$x\text{-}x$	$50h$	$\dfrac{l^2}{400h}$
		$y\text{-}y$	$90b$	$\dfrac{l^2}{720b}$

钢材类别	图例	对应轴	冷矫正	
			最小曲率半径 r	最大弯曲矢高 f
工字钢、H 型钢		x-x	$50h$	$\dfrac{l^2}{400h}$
		y-y	$50b$	$\dfrac{l^2}{400b}$

注：l 为弯曲弦长；t 为钢板厚度；h 为型钢高度；r 为最小曲率半径；f 为弯曲矢高；b 为宽度。

（2）焊接 H 型钢组装尺寸的弯曲矢高、受压构件（杆件）的弯曲矢高的允许偏差应符合表 5.3-23 的规定。检查数量：按钢构件数抽查 10%，且不应少于 3 件。

焊接 H 型钢、受压构件的弯曲矢高允许偏差　　　　表 5.3-23

项目	允许偏差
弯曲矢高	$l/1000$，且不大于 10.0mm

注：l 为 H 型钢长度。

（3）单节钢柱柱身弯曲矢高的允许偏差应符合表 5.3-24 的规定。检查数量：按钢构件数抽查 10%，且不应少于 3 件。

单节钢柱柱身的弯曲矢高允许偏差　　　　表 5.3-24

项目		允许偏差	图例
柱身弯曲矢高		$l/1000$，且不大于 10.0mm	
柱身扭曲	牛腿处	3.0mm	
	其他处	8.0mm	

（4）多节钢柱柱身弯曲矢高的允许偏差应符合表 5.3-25 的规定。检查数量：按钢构件数抽查 10%，且不应少于 3 件。

多节钢柱柱身的弯曲矢高允许偏差　　　　表 5.3-25

项目	允许偏差	检查方法
柱身弯曲矢高 f	$H/1500$，且不大于 5.0mm	用拉线和钢尺检查
一节柱的柱身扭曲	$h/250$，且不大于 5.0mm	

（5）焊接实腹钢梁的拱度和侧弯矢高的允许偏差应符合表 5.3-26 的规定。检查数量：按钢构件数抽查 10%，且不应少于 3 件。

焊接实腹钢梁的拱度和侧弯矢高允许偏差   表 5.3-26

项目		允许偏差	图例
拱度	设计要求起拱	$\pm l/5000$	
	设计未要求起拱	10.0mm −5.0mm	
侧弯矢高		$l/2000$，且不大于 10.0mm	
扭曲		$h/250$，且不大于 10.0mm	

（6）钢桁架的跨中拱度的允许偏差应符合表 5.3-27 的规定。检查数量：按钢构件数抽查 10%，且不应少于 3 件。

钢桁架的跨中拱度允许偏差   表 5.3-27

项目		允许偏差	图例
桁架跨中拱度	设计要求起拱	$\pm l/5000$	
	设计未要求起拱	$\pm 10.0mm$ −5.0mm	
相邻节间弦杆弯曲		$l_1/1000$	

（7）钢管构件的弯曲矢高允许偏差应符合表 5.3-28 的规定。检查数量：按钢构件数抽查 10%，且不应少于 3 件。

钢管构件弯曲矢高允许偏差   表 5.3-28

项目	允许偏差	检查方法
弯曲矢高	$l/1500$，且不大于 5.0mm	用拉线和钢尺检查

（8）墙架、檩条、支撑系统钢构件的弯曲矢高允许偏差应符合表 5.3-29 的规定。检查数量：按钢构件数抽查 10%，且不应少于 3 件。

墙架、檩条、支撑系统钢构件弯曲矢高允许偏差   表 5.3-29

项目	允许偏差	检查方法
弯曲矢高	$l/1000$，且不大于 10.0mm	用拉线和钢尺检查

（9）钢平台、钢梯和防护钢栏杆的弯曲矢高允许偏差应符合表 5.3-30 的规定。检查数量：按钢构件数抽查 10%，且不应少于 3 件。

钢平台、钢梯和防护钢栏杆弯曲矢高允许偏差   表 5.3-30

项目	允许偏差	检查方法
平台支柱弯曲矢高	5.0mm	用拉线和钢尺检查
钢梯纵向挠曲矢高	$l/1000$	

（10）钢屋架、钢桁架、钢梁、次梁的侧向弯曲允许偏差应符合表 5.3-31 的规定。检查

数量：按钢构件数抽查 10%，且不应少于 3 件。

钢屋架、钢桁架、钢梁、次梁的侧向弯曲矢高允许偏差　　　　表 5.3-31

项目	允许偏差		图例
侧向弯曲矢高 *f*	*l* ≤ 30m	*l*/1000，且不大于 10.0mm	
	30m < *l* ≤ 60m	*l*/1000，且不大于 30.0mm	
	l > 60m	*l*/1000，且不大于 50.0mm	

（11）钢吊车梁安装的侧向弯曲矢高允许偏差应符合表 5.3-32 的规定。检查数量：按钢构件数抽查 10%，且不应少于 3 件。

钢吊车梁安装侧向弯曲矢高允许偏差　　　　表 5.3-32

项目	允许偏差
侧向弯曲矢高	*l*/1500，且不大于 10.0mm
垂直上拱矢高	10.0mm

（12）墙架、檩条等次要构件安装的弯曲矢高允许偏差应符合表 5.3-33 的规定。检查数量：按钢构件数抽查 10%，且不应少于 3 件。

墙架、檩条等次要构件安装弯曲矢高允许偏差　　　　表 5.3-33

项目	允许偏差	检查方法
墙架立柱弯曲矢高	*H*/1000，且不大于 15.0mm	用经纬仪或吊线和钢尺检查
檩条弯曲矢高	*l*/750，且不大于 12.0mm	用拉线和钢尺检查
墙梁弯曲矢高	*l*/750，且不大于 10.0mm	

（13）钢平台安装的侧向弯曲允许偏差应符合表 5.3-34 的规定。检查数量：按钢平台总数抽查 10%，且不应少于 1 件。

钢平台安装侧向弯曲允许偏差　　　　表 5.3-34

项目	允许偏差	检查方法
承重平台梁侧向弯曲	*l*/1000，且不大于 10.0mm	用拉线和钢尺检查

（14）钢网架、网壳结构小拼单元杆件轴线弯曲矢高允许偏差应符合表 5.3-35 的规定。检查数量：按单元数抽查 5%，且不应少于 3 个。

钢网架、网壳结构小拼单元杆件轴线弯曲矢高允许偏差　　　　表 5.3-35

项目	允许偏差
杆件轴线的弯曲矢高	l_1/1000，且不大于 5.0mm

5.3.6 构件弯曲矢高检测案例分析

不同钢构件的要求与允许偏差不相同,现结合实测案例进行钢构件弯曲矢高分析判定。

某体育馆屋架采用网架结构,骨架主要由钢管构件与网架螺栓球组成,钢管杆件为无缝热轧钢管,某杆件规格为 ϕ60mm × 3.0mm,该杆件下料长度为 3350mm,现场实测该杆件最大弯曲矢高为 1.5mm,由表 5.3-28 可知,该杆件弯曲矢高符合要求。

5.3.7 构件轴线位置检测概述

构件轴线位置是影响构件合理受力和结构整体性稳定的重要参数。

(1)检测方法:主要采用拉线、吊线、钢尺、全站仪等检测。

(2)如现场条件允许,通常采用拉线、吊线或钢尺进行检测。

(3)测量前,需确定好构件中心线,然后采用钢尺等测量,并记录读数。

(4)现场检测作业时填写原始记录表,可参考附录 31。

5.3.8 构件轴线位置检测结果判断

(1)焊接 H 型钢组装钢构件梁柱连接处腹板中心线的允许偏差应符合表 5.3-36 的规定。检查数量:按钢构件数抽查 10%,且不应少于 3 件。

(2)单节、多节钢柱柱角螺栓孔中心线的允许偏差应符合表 5.3-37 的规定。检查数量:按钢构件数抽查 10%,且不应少于 3 件。

(3)箱形截面连接处对角线差的允许偏差应符合表 5.3-38 的规定。检查数量:按钢构件数抽查 10%,且不应少于 3 件。

(4)箱形截面腹板中心线的允许偏差应符合表 5.3-39 的规定。检查数量:按钢构件数抽查 10%,且不应少于 3 件。

(5)钢柱安装中心线及定位轴线的允许偏差应符合表 5.3-40 的规定。检查数量:按钢柱数抽查 10%,且不应少于 3 件。

(6)墙架立柱安装定位轴线的允许偏差应符合表 5.3-41 的规定。检查数量:按钢柱数抽查 10%,且不应少于 3 件。

(7)钢网架、网壳结构及支座定位轴线的允许偏差应符合表 5.3-42 的规定。检查数量:按支座数抽查 10%,且不应少于 3 件。

(8)钢网架、网壳结构小拼单元杆件轴线错位允许偏差应符合表 5.3-43 的规定。检查数量:按单元数抽查 5%,且不应少于 3 个。

焊接 H 型钢组装钢构件梁柱连接处腹板中心线允许偏差   表 5.3-36

项目	允许偏差	图例
腹板中心偏移 e	±2.0mm	

单节、多节钢柱柱角螺栓孔中心线允许偏差 表 5.3-37

项目	允许偏差	图例
柱脚螺栓孔中心对柱轴线的距离 a	±3.0mm	

箱形截面连接处对角线差允许偏差 表 5.3-38

项目	允许偏差	图例
箱形截面连接处对角线差	±3.0mm	

箱形截面腹板中心线允许偏差 表 5.3-39

项目		允许偏差	图例
箱形截面两腹板至翼缘板中心线距离 a	连接处	±1.0mm	
	其他处	±1.5mm	

钢柱安装中心线及定位轴线允许偏差 表 5.3-40

项目	允许偏差	图例
柱脚底座中心线对定位轴线的偏移 Δ	±5.0mm	
柱子定位轴线 Δ	±1.0mm	
钢柱安装偏差	±3.0mm	

墙架立柱安装定位轴线允许偏差 表 5.3-41

项目		允许偏差
墙架立柱	中心线对定位轴线的偏移	10.0mm
	垂直度	$H/1000$，且不大于 10.0mm

钢网架、网壳结构及支座定位轴线允许偏差　　　　表 5.3-42

项目	允许偏差	图例
结构定位轴线	$l/20000$，且不大于 3.0mm	
基础上支座的定位轴线	±1.0mm	

钢网架、网壳结构小拼单元杆件轴线错位允许偏差　　　　表 5.3-43

项目	允许偏差	
平面桁架节点处杆件轴线错位	$d(b) \leqslant 200mm$	2.0
	$d(b) > 200mm$	3.0

5.3.9　构件轴线位置检测案例分析

不同钢构件允许偏差不同，现结合实测案例进行钢构件弯曲矢高进行分析判定。

【案例 2】某体育馆主体结构采用门式刚架，钢立柱为 H 型钢，现场对柱脚螺栓孔中心线进行测量，实测螺栓孔中心线偏差为 1.4mm，由表 5.3-37 可知，该柱脚螺栓孔中心线偏差符合要求。

5.3.10　构件垂直度检测概述

构件垂直度直接影响着构件质量、安全和使用寿命，有效控制垂直度，可以确保结构的稳定性和垂直性，延长其寿命，减少维护成本。

（1）检测方法：主要采用吊线、钢尺、直角尺、经纬仪、全站仪等检测。

（2）如现场条件允许，通常采用吊线与钢尺相结合或直角尺测量的方法进行检测。

（3）测量过程中，对吊线施加一定拉力使其绷直，待吊线稳定后测量，并记录读数。

（4）现场检测作业时填写原始记录表，可参考附录 32。

5.3.11　构件垂直度检测结果判断

（1）箱形截面焊接连接的垂直度允许偏差应符合表 5.3-44 的规定。检查数量：按钢构件数抽查 10%，且不应少于 3 件。

箱形截面焊接连接垂直度允许偏差　　　　表 5.3-44

项目	允许偏差
垂直度 Δ	$b/200$，且不大于 3.0mm

（2）焊接 H 型钢翼缘板组装垂直度的允许偏差应符合表 5.3-45 的规定。检查数量：按钢构件数抽查 10%，且不应少于 3 件。

焊接 H 型钢翼缘板垂直度允许偏差　　　　　　表 5.3-45

项目	允许偏差	图例
翼缘板垂直度 Δ	$b/100$，且不大于 3.0mm	

（3）单节钢柱组装垂直度的允许偏差应符合表 5.3-46 的规定。检查数量：按钢构件数抽查 10%，且不应少于 3 件。

单节钢柱组装垂直度允许偏差　　　　　　表 5.3-46

项目		允许偏差	图例
翼缘对腹板的垂直度	连接处	±1.5mm	
	其他处	$b/100$，且不大于 5.0mm	

（4）多节钢柱组装垂直度的允许偏差应符合表 5.3-47 的规定。检查数量：按钢构件数抽查 10%，且不应少于 3 件。

多节钢柱组装垂直度允许偏差　　　　　　表 5.3-47

项目		允许偏差	图例
翼缘对腹板的垂直度	连接处	±1.5mm	
	其他处	$b/100$，且不大于 3.0mm	

（5）箱形、十字形柱身板垂直度的允许偏差应符合表 5.3-48 的规定。检查数量：按钢构件数抽查 10%，且不应少于 3 件。

箱形、十字形柱身板垂直度允许偏差　　　　　　表 5.3-48

项目	允许偏差	图例
箱形、十字形柱身板垂直度	$h(b)/150$mm，且不大于 5.0mm	

（6）双箱体垂直度的允许偏差应符合表 5.3-49 的规定。检查数量：按钢构件数抽查 10%，且不应少于 3 件。

双箱体垂直度允许偏差　　　　　表 5.3-49

项目	允许偏差
垂直度 Δ	$h/150$，且不大于 6.0mm

（7）三箱体垂直度的允许偏差应符合表 5.3-50 的规定。检查数量：按钢构件数抽查 10%，且不应少于 3 件。

三箱体垂直度允许偏差　　　　　表 5.3-50

项目	允许偏差
垂直度 Δ	不大于 6.0mm

（8）特殊箱体垂直度的允许偏差应符合表 5.3-51 的规定。检查数量：按钢构件数抽查 10%，且不应少于 3 件。

特殊箱体垂直度允许偏差　　　　　表 5.3-51

项目	允许偏差
垂直度 Δ	$h/150$，且不大于 5.0mm

（9）焊接实腹钢梁翼缘板垂直度的允许偏差应符合表 5.3-52 的规定。检查数量：按钢构件数抽查 10%，且不应少于 3 件。

焊接实腹钢梁翼缘板垂直度允许偏差　　　　　表 5.3-52

项目	允许偏差
翼缘板对腹板的垂直度	$b/150$，且不大于 3.0mm

（10）焊接实腹钢梁端板垂直度的允许偏差应符合表 5.3-53 的规定。检查数量：按钢构件数抽查 10%，且不应少于 3 件。

焊接实腹钢梁端板垂直度允许偏差　　　　　表 5.3-53

项目	允许偏差
梁端板与腹板的垂直度	$h/500$，且不大于 2.0mm
翼缘板对腹板的垂直度	$b/100$，且不大于 3.0mm

（11）钢管垂直度的允许偏差应符合表 5.3-54 的规定。检查数量:按钢构件数抽查 10%，且不应少于 3 件。

钢管垂直度允许偏差　　　　　表 5.3-54

项目	允许偏差	检查方法
管端面管轴线垂直度	$d/500$，且不大于 3.0mm	用角尺、塞尺和百分表检查

（12）钢柱安装垂直度的允许偏差应符合表 5.3-55 的规定。检查数量：按钢构件数抽查 10%，且不应少于 3 件。

钢柱安装垂直度允许偏差　　　　表 5.3-55

项目			允许偏差	图例
柱轴线垂直度	单层柱		$H/1000$，且不大于 25.0mm	
	多层柱	单节柱	$H/1000$，且不大于 10.0mm	
		柱全高	±35.0mm	

（13）钢屋架、钢桁架、钢梁、次梁垂直度的允许偏差应符合表 5.3-56 的规定。检查数量：按钢构件数抽查 10%，且不应少于 3 件。

钢屋架、钢桁架、钢梁、次梁安装垂直度允许偏差　　　　表 5.3-56

项目	允许偏差	图例
跨中的垂直度	$h/250$，且不大于 15.0mm	

（14）钢吊车梁安装垂直度的允许偏差应符合表 5.3-57 的规定。检查数量：按钢构件数抽查 10%，且不应少于 3 榀。

钢吊车梁安装垂直度允许偏差　　　　表 5.3-57

项目	允许偏差	图例
梁的跨中垂直度 Δ	$h/500$	

（15）墙架立柱、抗风柱、桁架的安装垂直度的允许偏差应符合表 5.3-58 的规定。检查数量：按钢构件数抽查 10%，且不应少于 3 件。

墙架立柱、抗风柱、桁架安装垂直度允许偏差　　　　表 5.3-58

项目	允许偏差	检查方法
墙架立柱的垂直度	$H/1000$，且不大于 10.0mm	用经纬仪或吊线和钢尺检查
抗风柱、桁架的垂直度	$h/250$，且不大于 15.0mm	用吊线和钢尺检查

（16）钢平台、钢梯和防护栏杆的安装垂直度的允许偏差应符合表 5.3-59 的规定。检查数量：按钢平台总数抽查 10%，且不应少于 1 件；栏杆、钢梯按总长度各抽查 10%，栏杆不应少于 5m，钢梯不应少于 1 跑。

钢平台、钢梯和防护栏杆安装垂直度允许偏差　　表 5.3-59

项目	允许偏差
平台支柱垂直度	$H/1000$，且不大于 5.0mm
承重平台梁垂直度	$h/250$，且不大于 10.0mm
直梯垂直度	$H/1000$，且不大于 15.0mm

（17）主体钢结构整体立面偏移和整体平面弯曲的允许偏差应符合表 5.3-60 的规定。检查数量：对主要立面全部检查。对每个检查的立面，除两列角柱外，应至少选取一列中间柱。

主体钢结构整体立面偏移和整体平面弯曲允许偏差　　表 5.3-60

项目	允许偏差		图例
主体结构的整体立面偏移	单层	$H/1000$，且不大于 25.0mm	
	高度 60m 以下的多高层	（$H/2500 + 10$mm），且不大于 30.0mm	
	高度 60～100m 的高层	（$H/2500 + 10$mm），且不大于 50.0mm	
	高度 100m 以上的高层	（$H/2500 + 10$mm），且不大于 80.0mm	
主体结构的整体平面弯曲	$l/1500$，且不大于 50.0mm		

5.3.12　构件垂直度检测案例分析

钢构件不同种类、截面的测量方法与允许偏差不同，现结合实测案例进行钢构件截面尺寸分析判定。

某一层体育馆主体结构采用门式刚架，钢立柱为 H 型钢，钢柱高度为 13m，现场对某钢柱垂直度进行测量，实测钢柱垂直度偏差为 7.5mm，由表 5.3-55 可知，该钢柱垂直度偏差符合要求。

5.4　初步检测报告

为使各方及时掌握检测结果，及时发现可能存在的钢构件质量问题，做到及时处理，避免延误工期，应相关方要求可出具初步检测报告。钢结构构件位置与尺寸检测的初步检测报告应至少包括项目名称、委托单位、检测日期、检测方法、检测结果（构件尺寸、构件弯曲矢高、构件轴线位置及构件垂直度）等，初步检测结果可参考附录 33～附录 36。

5.5　检测报告

钢结构构件位置与尺寸检测报告应符合国家标准《钢结构工程施工质量验收标准》GB 50205—2020、《钢结构现场检测技术标准》GB/T 50621—2010 等技术标准的相关要求，检测报告应包括以下主要内容：

（1）委托方名称，建设、勘察、设计、监理和施工单位，结构形式和层数，设计要求等。

（2）工程名称、地点，建筑使用情况。

（3）检测目的，检测依据，检测数量，检测日期。

（4）检测人员。

（5）检测方法，检测仪器设备，检测过程。

（6）检测数据包括构件尺寸、构件弯曲矢高、构件轴线位置及构件垂直度。

（7）检测结果表格及检测结论。

检测报告可参考附录33～附录36。

第6章

结构构件性能

本章介绍结构构件性能试验，在结构物或试验对象（实物或模型）上，以仪器设备为工具，以各种试验技术为手段，在荷载（重力、机械扰动力、风力）或其他因素（温度、变形沉降）及地震作用下，通过测试与结构工作性能有关的各种参数（变形、挠度、位移、应变、振幅、频率等），从承载力、稳定性、刚度以及结构的破坏形态等各个方面来判断结构的实际工作性能，估计结构及构件的承载能力，确定结构使用要求的符合程度，并用以检验和发展结构的设计计算理论。

6.1 结构构件性能荷载试验的目的和分类

结构性能荷载试验有许多分类方法，比如按荷载的性质、模型的尺寸等分类。从结构安全和性能评价来看，可分为工程现场检验和实验室模型试验两大类，其中，工程现场检验可分为板或梁类构件的实荷检验和工程动力特性（周期、振型、阻尼比）试验；实验室模型试验可分为静力荷载（静力单调加载、伪静力加载、拟动力加载）、动力荷载（动力特性、动力反应）以及结构疲劳试验等。

6.1.1 按试验目的分类

根据试验的目的，荷载试验可以分为生产性试验和科研性试验两大类。

6.1.1.1 生产性试验

生产性试验直接服务于生产，常以实际结构构件作为试验对象，根据试验结果对结构或构件性能做出技术评价。混凝土结构现场检测大部分情况下都属于这类试验，通过荷载试验解决下列问题：

（1）工程验收

对于一些重要的结构，除在设计阶段进行必要的模型试验和在施工阶段进行严格的质量控制外，在结构竣工时，尚需通过荷载检验，综合判定其可靠程度。例如，桥梁结构竣工后往往需要根据成桥试验结果进行验收。对于一些加固工程，必要时也可以通过荷载试验检验加固的实际效果。荷载试验是工程验收的手段之一。

（2）处理工程事故和质量缺陷

对于遭受火灾、地震等出现损伤的结构或施工和使用过程中发现的存在严重缺陷的构件，当通过调查、检测和验算分析尚不足以评定结构性能时，可以通过荷载试验检验其实际结构性能指标，为进一步处理提供依据。例如，对存在损伤的钢结构构件承载能力进行鉴定时，一般可通过检测钢材尺寸、钢材强度、损伤特征，根据检测数据和经验进行分析判断。由于无法定量考虑损伤对钢楼板承载能力和刚度的影响，可通过荷载试验，准确评价构件的性能。

（3）既有结构的可靠度鉴定

钢结构在使用过程中，必然存在性能退化和功能改变，可以通过荷载试验确定结构的潜在能力，为加固处理和限制使用提供依据。

（4）预制构件的质量验收

对于批量生产的钢结构构件，在出厂或现场安装前，按照相关产品质量检验评定标准，进行抽样检验。

6.1.1.2 科研性试验

科研性试验指为验证结构设计的各种假定的合理性，发展新的设计理论，改进设计计算方法，开发新技术，优化设计施工方案等进行的试验，可分为探索性试验和验证性试验。

6.1.2 根据检验荷载性质分类

根据检验荷载性质可以分为静载试验和动力测试两大类。

6.1.2.1 静载试验

静载试验即检测结构构件在静载作用下的反应，是分析、判定结构构件的工作状态与受力情况的重要手段。

根据《建筑结构检测技术标准》GB/T 50344—2019 的规定，静载试验分为适用性检验、荷载系数检验和综合系数或可靠指标检验。

根据《高耸与复杂钢结构检测与鉴定标准》GB 51008—2016 的规定，静载试验可分为结构构件的使用性能检验、承载力检验和破坏性检验。

6.1.2.2 动力测试

动力测试能检测结构构件的动力特性及其在动力荷载作用下的反应，结构的动力特性包括结构的自振频率、阻尼比、振型等参数。这些参数取决于结构的形式、刚度、质量分布、材料特性及构造连接等，是结构的固有参数，与荷载无关。

6.1.3 根据荷载试验地点分类

根据荷载试验地点可以分为实验室试验和原位加载试验两大类。

6.1.3.1 实验室试验

实验室试验即在实验室模拟结构或构件受力状态而进行的探索性试验或验证性试验。

6.1.3.2 原位加载试验

原位加载试验即在现场对结构构件进行加载和测量的试验。原位加载试验分为：
（1）使用状态试验，根据正常使用极限状态的检验项目验证或评估结构的使用功能。
（2）承载力试验，根据承载能力极限状态的检验项目验证或评估结构的承载能力。

（3）其他试验，对复杂结构或有特殊使用要求的结构进行的针对性试验。

本章主要讲解原位加载试验。

6.2　检测依据与数量

6.2.1　检测依据

不同建筑类型的结构构件性能检测依据不尽相同，但都应符合国家、行业、地方等标准以及建设单位、政府文件的相关规定。以钢结构为例，目前钢结构构件性能检测的依据主要有：

（1）国家标准《钢结构现场检测技术标准》GB/T 50621—2010；

（2）国家标准《建筑结构检测技术标准》GB/T 50344—2019；

（3）国家标准《高耸与复杂钢结构检测与鉴定标准》GB 51008—2019。

6.2.2　检测数量

需要进行荷载检验的情况有：

（1）采用新结构体系、新材料、新工艺建造的钢结构，需验证或评估结构的设计和施工质量的可靠程度；

（2）外观质量较差的结构，需鉴定外观缺陷对其结构性能的实际影响程度；

（3）既有钢结构出现损伤后，需鉴定损伤对其结构性能的实际影响程度；

（4）缺少设计图纸、施工资料或结构体系复杂受力不明确，难以通过计算确定结构性能；

（5）现行设计规范和施工验收规范要求进行验证检测。

6.3　检测前准备工作

6.3.1　试验准备

6.3.1.1　调查研究、收集资料

静载试验是一项费时、费力并有一定风险的技术工作，要保证试验的有效性，避免出现安全事故，做到心中有数、处置得当，试验前需要进行详细的调查研究，收集相关资料。收集的资料包括：

（1）设计资料，包括设计图纸、计算书和设计所依据的原始资料（如地基土资料、气象资料和生产工艺资料等）；

（2）施工资料，包括施工日志、材料性能检测报告、施工记录和隐蔽工程验收记录等；

（3）使用资料，包括使用过程、环境、超载情况或事故经过等资料；

（4）相关现场检测资料，包括受检构件的连接构造、钢材强度、截面尺寸、缺陷与损伤状况等；

（5）与试验相关的其他资料，电源、脚手架、加载物等。

6.3.1.2　受检构件的选取

批量生产的构件的生产条件、控制标准和性能指标基本稳定，因此可随机抽样进行检

验。当相应标准有具体规定时，抽样方案应按标准规定执行。

结构实体中的构件形状规格、实际性能存在较大差别，无法形成真正意义上的检验批，一般情况下不易实现随机抽样，宜按约定抽样原则从结构实体中选取，并对抽样过程进行必要的记录。

从保证结构安全角度出发，应使最不利构件得到充分检验，同时还要考虑方便实施，约定抽样时应综合考虑以下因素：

1）该构件计算受力最不利

计算受力最不利包含以下三个方面的含义：

（1）该构件计算的作用效应与设计抗力比最大；

（2）该构件计算的作用效应最大；

（3）该构件在结构体系中起到重要的作用。

2）该构件施工质量较差、缺陷较多或病害及损伤较严重

构件表现出的缺陷（如锈蚀、麻点或划痕等），有些是由于施工质量较差引起的，有些是由于环境损伤和偶然作用（火灾、撞击等）引起的，尽管尚不能根据这些缺陷准确定量地评价构件性能的下降幅度，但这些缺陷一定程度上能定性地反映构件的性能。

3）便于设置测点或实施加载

静力荷载检验的核心就是加载以及观测在荷载作用下的反应（应变、变形等），便于设置测点或实施加载，是保证整个试验顺利进行的关键。

6.3.2 加载方案

加载方案除与检验目的直接相关外，还与试验对象的结构形式、构件在结构中的空间位置、现场试验条件等因素有关。

6.3.2.1 加载图式

检验荷载在受检构件上的布置形式称为加载图式，一般要求加载图式与结构分析所用图式一致，即均布荷载的加载图式为均布荷载，集中荷载的加载图式为集中荷载。如果因条件限制无法实现加载图式一致，应采用与计算简图等效的加载图式。

等效加载图式应满足下列条件：

（1）等效荷载产生的控制截面上的主要内力应与计算内力值相等；

（2）等效荷载产生的主要内力图形与计算内力图形相似；

（3）控制截面上的内力等效时，其次要截面上的内力应与设计值接近；

（4）由于等效荷载引起的变形差别，应适当修正；

（5）对于具有特殊荷载作用的构件，应采用设计图纸上规定的加载图式。例如，吊车梁，承受的主要荷载是往复的吊车轮压，则试验的加载点应根据最大弯矩或最大剪力的最不利位置来确定。

6.3.2.2 检验荷载计算

《工程结构可靠性设计统一标准》GB 50153—2008 和《钢结构设计标准》GB 50017—2017 均将结构功能的极限状态分为两大类，即承载能力极限状态和正常使用极限状态，同

时还规定结构构件应按不同的荷载效应组合设计值进行承载力计算及变形验算。因此，在进行结构试验前，首先应确定对应于各种检验目标的检验荷载。

现场检测时，还存在委托方指定检验荷载的情况，例如，用生产中实际运行的吊车，按照指定的工作制度对吊车梁进行荷载检验，此时，应按约定抽样原则进行检验。

1）永久荷载和可变荷载

检验荷载通常是永久荷载标准值G_k和可变荷载标准值Q_k的线性组合，首先应确定G_k和Q_k。

对于既有结构中的受检构件而言，由结构自重产生的永久荷载是一个确定量，宜根据材料重度和构件尺寸的实测数据计算；由装饰装修产生的永久荷载宜按设计参数取值。

可变荷载宜按设计参数取值，若目标使用期小于设计使用年限，考虑后续使用年限的影响时，可变荷载调整系数宜根据国家标准《工程结构可靠性设计统一标准》GB 50153—2008、《建筑结构荷载规范》GB 50009—2012 的相关规定，结合受检构件的具体情况确定。设计使用年限为 5 年、50 年、100 年时，考虑后续使用年限，偏于安全地，可变荷载调整系数分别取 0.9、1.0、1.1。

2）确定检验荷载的原则

确定检验荷载是进行原位加载试验的关键一环，不同的检验荷载可能会产生不同的试验结果，故试验前应根据试验目的和相关标准要求确定检验荷载。

根据《建筑结构检测技术标准》GB/T 50344—2019 的规定，试验分为适用性检验、荷载系数检验和综合系数或可靠指标检验，原位加载试验的最大加载限值应按下列原则确定：

（1）结构构件适用性检验荷载

①结构构件结构自重的检验荷载应符合下列规定：

检验荷载不宜考虑已经作用在结构或构件上的自重荷载，当有特殊需要时，可考虑受到影响的自重荷载的增量；

检验荷载应包括未作用在结构上的自重荷载，并宜考虑 1.1～1.2 的超载系数。

②检验荷载中长期堆物和覆土等持久荷载和可变荷载的取值应符合下列规定：

可变荷载应取设计要求值和历史上出现过最大值中的较大值；

永久荷载应取设计要求值和现场实测值的较大值；

可变荷载组合与持久荷载组合均不宜考虑组合系数；

可变荷载不宜考虑频遇值和准永久值。

③持久荷载已经作用到结构上时，其检验荷载的取值应符合本条第①项的规定。

（2）荷载系数或构件系的检验荷载

结构构件荷载系数或构件系数的实荷检验应区分既有结构性能的检验和结构工程质量的检验。

结构构件荷载系数或构件系数的检验目标荷载应取荷载系数或构件系数对应荷载中的较大值，且应先进行结构构件适用性检验。

既有结构构件荷载系数和对应的检验荷载应符合下列规定：

结构构件荷载的系数γ_F应符合式(6.3-1)计算：

$$\gamma_F = \frac{\gamma_{G,2} \times G_{K,2} \times C_{G,2} + \gamma_{L,1} \times Q_{K,1} \times C_{Q,1} + \gamma_{L,2} \times Q_{K,2} \times C_{Q,2}}{C_{G,2} \times G_{K,2} + Q_{K,1} \times C_{Q,1} + Q_{K,2} \times C_{Q,2}} \tag{6.3-1}$$

式中：γ_F——检验荷载的系数；

$\gamma_{G,2}$——检验荷载的系数；

$G_{K,2}$——持久荷载的分项系数或系数，单位体积的持久荷载值，取设计要求值和现场实测值的较大值；

$C_{G,2}$——持久荷载的尺寸参数，按实际情况确定；

$\gamma_{L,1}$——可变荷载的分项系数或系数；

$Q_{K,1}$——可变荷载标准值；

$C_{Q,1}$——可变荷载的尺寸参数，按实际情况确定；

$\gamma_{L,2}$——雪荷载的分项系数或系数；

$Q_{K,2}$——基本雪压；

$C_{Q,2}$——雪荷载的相关参数，按实际情况确定。

持久荷载系数的取值应符合下列规定：

① 对于未作用到结构的持久荷载，$\gamma_{G,2}$不宜小于1.4；

② 对于已经作用到结构上的持久荷载不再变化时，$\gamma_{G,2}$可取零，在式(6.3-1)中可不考虑该类持久荷载；

③ 对于已经作用到结构上的持久荷载需要考虑受水等影响的荷载增量时，式(6.3-1)中的持久荷载$G_{K,2}$和$C_{G,2}$应为荷载的预计增量，预计增量的分项系数$\gamma_{G,2}$不应小于1.4。

可变荷载的系数取值应符合下列规定：

① 屋面可变荷载的系数宜符合国家标准《建筑结构荷载规范》GB 50009—2012 规定；

② 楼面活荷载的分项系数$\gamma_{L,1}$不宜小于1.6。

雪荷载的分项系数和基本雪压应按下列规定确定：

① 当雪荷载的系数取国家标准《建筑结构荷载规范》GB 50009—2012 规定的值时，基本雪压应取国家标准《建筑结构检测技术标准》GB/T 50344—2019 第 9 章的分析值与重现期 100 年雪压值中的较大值；

② 当基本雪压取重现期 100 年的相应数值时，雪荷载的分项系数应取国家标准《建筑结构荷载规范》GB 50009—2012 规定值和国家标准《建筑结构检测技术标准》GB/T 50344—2019 第 9 章规定的分析值中的较大值。

既有结构构件荷载系数检验目标荷载应按式(6.3-2)计算：

$$F_{t,l} = \gamma_F \times (G_{K,2} \times C_{G,2} + Q_{K,1} \times C_{Q,1} + Q_{K,2} \times C_{Q,2}) \tag{6.3-2}$$

式中：$F_{t,l}$——由荷载系数确定的检验目标荷载。

结构工程检验的荷载系数和对应的检验荷载应符合下列规定：

结构构件荷载的系数$\gamma_{F,E}$应按式(6.3-3)计算确定。

$$\gamma_{F,E} = \frac{\gamma_{G,1} \times G_{K,1} \times C_{G,1} + \gamma_{G,2} \times G_{K,2} \times C_{G,2} + \gamma_{L,1} \times Q_{K,1} \times C_{Q,1} + \gamma_{L,2} \times Q_{K,2} \times C_{Q,2}}{C_{G,1} \times G_{K,1} + C_{G,2} \times G_{K,2} + Q_{K,1} \times C_{Q,1} + Q_{K,2} \times C_{Q,2}} \tag{6.3-3}$$

式中：$\gamma_{F,E}$——检验荷载的系数；

$\gamma_{G,1}$——自重荷载的系数，按国家标准《建筑结构荷载规范》GB 50009—2012 的规定确定；

$G_{K,1}$——单位体积或面积的自重荷载值，按实际情况确定；

$C_{G,1}$——自重荷载的尺寸参数，按实际情况确定；

$\gamma_{G,2}$——持久荷载的系数，取 1.35；

$G_{K,2}$——单位体积的持久荷载值，按国家标准《建筑结构荷载规范》GB 50009—2012 的规定确定或按实际情况确定；

$C_{G,2}$——持久荷载的尺寸参数，按实际情况确定；

$\gamma_{L,1}$——可变荷载的系数，按国家标准《建筑结构荷载规范》GB 50009—2012 的规定确定；

$Q_{K,1}$——可变荷载标准值，按国家标准《建筑结构荷载规范》GB 50009—2012 的规定确定；

$C_{Q,1}$——可变荷载的尺寸参数，按实际情况确定；

$\gamma_{L,2}$——雪荷载的系数，按国家标准《建筑结构荷载规范》GB 50009—2012 的规定确定；

$Q_{K,2}$——基本雪压，取重现期 100 年的雪压值；

$C_{Q,2}$——雪荷载的计算参数，按实际情况确定。

结构工程荷载系数对应的检验目标荷载值应按式(6.3-4)计算确定：

$$F_{t,E} = \gamma_{F,E} \times (G_{K,1} \times C_{G,1} + G_{K,2} \times C_{G,2} + Q_{K,1} \times C_{Q,1} + Q_{K,2} \times C_{Q,2}) - F_{CG,1} \qquad (6.3\text{-}4)$$

式中：$F_{CG,1}$——已经作用到结构上的自重荷载总量，等于 $C_{K,1} \times C_{G,1}$。

当既有结构构件承载力的分项系数 γ_R 大于检验荷载系数 γ_F 时，检验目标荷载值应按式(6.3-5)计算：

$$F_{t,R} = \gamma_R \times (G_{K,2} \times C_{G,2} + Q_{K,1} \times C_{Q,1} + Q_{K,2} \times C_{Q,2}) \qquad (6.3\text{-}5)$$

式中：$F_{t,R}$——由构件分项系数 γ_R 确定的检验目标荷载；

γ_R——构件承载力的分顶系数，按国家标准《建筑结构检测技术标准》GB/T 50344—2019 附录 E 的规定确定。

当材料强度的系数 γ_m 大于检验荷载的系数时，检验目标荷载应符合下列规定：

既有结构的检验目标载值应按式(6.3-6)计算：

$$F_{t,m} = \gamma_m \times (G_{K,2} \times C_{G,2} + Q_{K,1} \times C_{Q,1} + Q_{K,2} \times C_{Q,2}) \qquad (6.3\text{-}6)$$

式中：$F_{t,m}$——由材料强度系数确定的检验目标荷载；

γ_m——材料强度的系数，由材料强度的设计值除以材料强度的标准值确定。

结构工程的检验目标荷载值应按式(6.3-7)计算：

$$F_{t,E,m} = \gamma_m \times (G_{K,1} \times C_{G,1} + G_{K,2} \times C_{G,2} + Q_{K,1} \times C_{Q,1} + Q_{K,2} \times C_{Q,2}) \qquad (6.3\text{-}7)$$

式中：$F_{t,E,m}$——进行结构工程质量检验时，由材料强度系数确定的检验目标荷载。

（3）综合系数或可靠指标的检验荷载

结构构件综合系数的荷载检验应符合下列规定：

①综合系数检验应在荷载系数或构件系数检验后实施；

②综合系数检验的目标荷载应取荷载系数的检验荷载和构件系数的检验荷载之和；

③结构构件综合系数的检验应根据实际情况确定每级荷载的增量。

结构构件承载能力极限状态可靠指标的实荷检验应符合下列规定：

综合系数检验符合国家标准《建筑结构检测技术标准》GB/T 50344—2019 第 F.5.4 条要求的结构构件，可进行规定的可靠指标对应分项系数的实荷检验。

综合系数对应的检验荷载，可作为可靠指标对应分项系数检验的一级荷载。

进行对应尺寸的模型检验时，可靠指标对应的检验系数和检验目标荷载应按式(6.3-8)计算确定：

可靠指标β_s对应的综合系数应按下式计算：

$$\gamma_{F,S} = \frac{\gamma_{G,2} \times G_{K,2} \times C_{G,2} + \gamma_{Q,L} \times Q_{L,1} \times C_{Q,1} + \gamma_{Q,2} \times Q_{L,2} \times C_{Q,2}}{C_{G,2} \times G_{K,2} + Q_{L,1} \times C_{Q,1} + Q_{L,2} \times C_{Q,2}} \tag{6.3-8}$$

式中：$\gamma_{F,s}$——对应于可靠指标β_s等于 2.05 的作用综合系数；

$\gamma_{G,2}$——持久荷载的分项系数；

$G_{K,2}$——单位体积持久荷载，取实测样本中的最大值；

$C_{G,2}$——持久荷载的尺寸参数；

$\gamma_{Q,L}$——可变荷载的分项系数，对于楼面活荷载不小于 1.6，对于屋面活荷载不小于1.5；

$Q_{L,1}$——可变荷载的标准值，取设计值、可能出现的最大值和出现过的最大值中的最大值；

$Q_{L,2}$——基本雪压，取国家标准《建筑结构荷载规范》GB 50009—2012 的规定值和国家标准《建筑结构检测技术标准》GB/T 50344—2019 第 9 章的规定分析计算值中的较大值；

$\gamma_{Q,2}$——雪荷载的分项系数，取国家标准《建筑结构荷载规范》GB 50009—2012 的规定值和国家标准《建筑结构检测技术标准》GB/T 50344—2019 第 9 章的规定分析计算值中的较大值。

上式中持久荷载的分项系数$\gamma_{G,2}$应按下列规定计算：

针对持久荷载尺寸变化的分项系数分量应按式(6.3-9)计算。

$$\gamma_{G,2a} = 1 + \beta_s \delta_{G,2a} \tag{6.3-9}$$

式中：$\gamma_{G,2a}$——考虑持久荷载尺寸变化的分项系数；

β_s——作用效应的可靠指标，取 2.05；

$\delta_{G,2a}$——持久荷载尺寸的变异系数。

持久荷载单位体积重量对应的分项系数应按式(6.3-10)计算：

$$\gamma_{G,2g} = 1 + \beta_s \delta_{G,2g} \tag{6.3-10}$$

式中：$\gamma_{G,2g}$——对应于持久荷载单位体积重量的分项系数；

$\delta_{G,2g}$——持久荷载单位体积重量的变异系数。

作用综合分项系数$\gamma_{F,s}$对应的检验荷载应按式(6.3-11)计算：

$$F_{t,s} = \gamma_{F,s} \times (G_{K,2} \times C_{G,2} + Q_{K,L} \times C_{Q,1} + Q_{K,2} \times C_{Q,2}) \tag{6.3-11}$$

式中：$F_{t,s}$——作用综合分项系数$\gamma_{F,s}$对应的检验荷载。

构件分项系数γ_R对应的检验荷载应按式(6.3-12)计算：

$$F_{t,R} = \gamma_R \times (G_{K,2} \times C_{G,2} + Q_{K,L} \times C_{Q,1} + Q_{K,2} \times C_{Q,2}) \tag{6.3-12}$$

式中：$F_{t,R}$——构件分项系数γ_R对应的检验荷载。

γ_R——构件承载力的分项系数，按国家标准《建筑结构检测技术标准》GB/T 50344—2019 附录的规定确定。

可靠指标β对应分项系数的检验目标荷载应取构件分项系数对应的检验荷载$F_{t,R}$与作用综合系数对应的检验荷载 $F_{t,s}$ 之和。

根据《高耸与复杂钢结构检测与鉴定标准》GB 51008—2016 的规定，静载检验可分为结构构件的使用性能检验、承载力检验和破坏性检验，原位加载试验的最大加载限值应按下列原则确定：

（1）结构构件使用性能检验，检测的荷载无明确要求时，应取 1.0 × 实际自重 + 1.15 × 其他恒荷载 + 1.25 × 可变荷载。

（2）结构构件承载力检验荷载应取结构构件承载能力极限状态荷载效应组合的设计值的 1.2 倍。荷载效应组合的设计值应取《建筑结构荷载规范》GB 50009—2012 计算确定，或由设计文件提供。

（3）结构构件破坏性检验，应先分级加载到设计承载力检验荷载，根据荷载-变形曲线确定随后的加载增量，加载到不能继续加载为止，此时的承载力即为结构的实际承载力。

荷载试验应尽量采用与标准荷载相同的荷载，但由于客观条件的限制，检验荷载与标准荷载不同，此时，应根据效应等效的原则计算检验荷载。由于各种专业设计规范在极限承载能力和荷载组合方面有其各自的特点，检验荷载的计算应按各专业相关标准、规范的要求进行。

6.3.3　观测方案

观测方案是根据受力结构的变形特征和控制截面上的变形参数制定的，因此要预先估算出结构在检验荷载作用下的受力性能和可能发生的破坏形状。观测方案的内容主要包括：确定观察和测量的项目，选定观测区域、布置测点及按照测量精度要求选择仪表和设备等。

构件在外荷载作用下的变形可分为两类：一类反映构件整体工作状况，如梁的最大挠度及其整体变形；另一类反映结构局部工作状况，如局部的应变、损伤等。

构件任何部位的异常变形或局部破坏都会反映在整体变形中，整体变形不仅能反映构件的刚度变化，而且还可以反映构件弹性和非弹性性质，构件整体变形是观察的重要项目之一。钢筋混凝土构件何时出现变形，可直接说明其抗弯曲性能；控制截面上的应变大小和方向反映了结构的应力状态，是结构极限承载力计算的主要依据。当结构处于弹塑性阶段时，其应变、曲率、转角或位移的测量结果，都是判定结构延性的主要依据。

另外，观测项目和测点数量还必须满足结构分析和结构工作状态评价的需要。

钢结构试验时，测量内容宜根据试验目的从下列项目中选择。

（1）荷载：均布荷载、集中荷载或其他形式的荷载；

（2）位移：试件的变形、挠度、转角或其他形式的位移；

（3）损坏：材料的损坏；

（4）动力特性：加速度、应变等；

（5）根据试验需要确定的其他项目。

钢结构静载试验用的测量仪表应符合有关精度等级的要求、定期检验校准，并应处于有效期内。人工读数的仪表应估读，读数应比所用测量仪表的最小分度值小 1 位。仪表的预估试验量程宜控制在测量仪表量程的 30%～80% 范围之内。

为及时记录试验数据并对测量结果进行初步整理，宜选用具有自动数据采集和初步整理功能的配套仪器、仪表系统。

当采用人工测读时，应符合下列规定：

（1）应按一定的时间间隔进行测读，全部测点读数时间应基本相同；

（2）分级加载时，宜在持荷开始时预读，持荷结束时正式测读；

（3）环境温度、湿度对测量结果有明显影响时，宜同时记录环境的温度和湿度。

6.4 现场检测操作

6.4.1 加载程序

结构的承载力及其变形性能不仅与加载量有关，还与加载速度及持荷时间等因素有关，进行结构试验时必须给予足够时间，使结构变形得到充分发展。

检验装置和方案，应能模拟结构实际荷载的大小和分布，应能反映结构或构件实际工作状态，加载点和支座处不得出现不正常的偏心；同时应保证构件的变形和破坏不影响检测数据的准确性，不造成检验设备的损坏和人员伤亡事故。

6.4.1.1 加载方式

现场试验宜采用均布加载，对大跨度复杂钢结构体系（如钢屋架、架网架等）也可采用集中吊载；对小型构件还可根据自平衡原理，设计专门的反力装置，利用千斤顶集中加载。当试验荷载与目标使用期内的荷载形式不同时，应按荷载等效原则换算。现场加载实例见图 6.4-1 及图 6.4-2。

图 6.4-1 采用水桶加载网架实例   图 6.4-2 采用水桶加载钢架实例

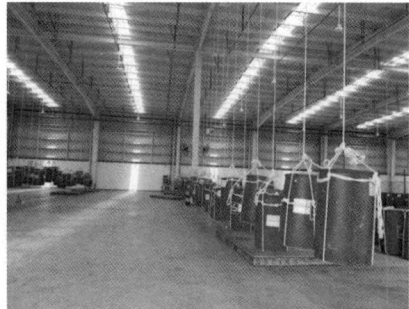

钢结构中进行荷载检验的构件一般是梁、板、屋架、桁架等，检测时应根据实际条件因地制宜地选择下列加载方式。

1）当采用重物进行均布加载时，应满足下列要求：

（1）加载物重量应均匀一致，便于计数控制，形状规则，便于堆积码放；

（2）不宜采用有吸水性的加载物；

（3）铁块、混凝土块和砖块等加载物重量应满足分级加载要求，单块重量不宜大于250N；

（4）试验前应对加载物进行称重，取其平均重量，称量仪器误差应不超过±1.0%；

（5）加载物应分垛堆放，沿单向或双向受力试件跨度方向的堆积长度宜为 1m 左右，且不应大于试件跨度的 1/6～1/4；

（6）垛与垛之间宜预留不小于 50mm 的间隙，避免形成拱作用。

2）当采用散体材料进行均布加载时，应满足下列要求：

（1）散体材料可装袋称量后计数加载，也可在构件上表面加载区域周围设置侧向支挡，逐级称量加载并均匀推平；

（2）加载时应避免加载散体材料外漏。

3）当采用流体（水）进行均布加载时，应有水囊、围堰和隔水膜等防止渗漏。可以用水的深度换算成荷载，也可通过流量计进行控制。

4）当采用液压加载时，应设置反力的支承系统。

5）当采用特殊荷载加载时，应满足相关要求。

6）屋架、桁架等结构体系进行荷载试验时，可采用集中吊载。

6.4.1.2　预加载

在正式试验前应对受检构件进行预加载，其目的是：

（1）使受检构件的各支点进入正常工作状态。在构件制造、安装等过程中节点和接合部位难免有缝隙，预加载可使其密合。

（2）检验支座是否平稳，检查加载设备工作是否正常，加载装置是否安全可靠。

（3）检查测试仪表是否进入正常工作状态。应严格检查仪表的安装质量、读数和量程是否满足试验要求，自动记录系统运转是否正常等。

（4）使试验工作人员熟悉自己担任的任务，掌握调表、读数等操作技术，保证采集的数据正确无误。

6.4.1.3　荷载分级

荷载分级的目的，一方面是控制加载速度，另一方面是便于观察结构变形情况，为读取各种试验数据提供必需的时间。

试验荷载应分级施加，每级荷载不宜超过最大荷载的 20%。每级荷载施加后，应保持足够的静止时间，并检查构件是否存在断裂、屈服、屈曲的迹象。加载过程中，应记录荷载-变形曲线，当曲线表现出明显的非线性时，应减小荷载增量。

（1）级间间歇时间 t_1

级间间歇时间 t_1 包括开始加载至加载完毕的时间和荷载停留时间，级间间歇时间主要取决于结构变形是否已得到充分发展，尤其是钢结构，由于材料的塑性性能发展和裂缝开展，需要一定时间才能完成内力重分布，否则将得到偏小的变形值，并导致极限荷载值偏高，影响试验的准确性。根据经验和有关规定，钢结构的级间间歇时间不得少于 15min。

（2）满载时间 t_2

结构的变形是钢结构结构刚度的重要指标。在进行钢结构的变形和稳定试验时，正常使用极限状态短期检验荷载作用下的荷载持续时间不应少 1h。对于采用新材料、新工艺、新结构形式的结构构件，或跨度较大（>12m）的屋架、桁架等结构构件，为了确保使用期间的安全，要求在正常使用极限状态短期检验荷载作用下的荷载持续时间不宜少于 12h，在这段时间内变形继续增长而无稳定趋势时，还应延长持续时间直至变形发展稳定为止。如果检验荷载达到开裂荷载计算值时，受检结构已经出现裂缝，则开裂检验荷载不必持续作用。

（3）空载时间 t_3

受载结构卸载后到下一次重新开始受载之间的间歇时间称空载时间。空载对于研究性试验是必要的。因为观测结构经受荷载作用后的残余变形和变形的恢复情况均可说明结构的工作性能。要使残余变形得到充分发展需要有足够的空载时间，对于一般的钢结构，空载时间取 45min；对于重要的结构构件和跨度大于 12m 的结构取 18h（即为满载时间的 1.5倍）。空载时也必须定时观察并记录变形值。

6.4.1.4　终止试验条件

完成试验目标后应及时卸载。

加载过程中，如果结构提前出现下列标志，应立即停止加载，分析原因后如认为需要继续加载，应采取相应的安全措施：

（1）控制测点的应力或应变值已达到或超过理论控制值；

（2）构件变形明显超出计算分析值；

（3）出现标志性破坏，如屈服失稳、断裂变形超限等。

6.4.2　观测实施

6.4.2.1　位移及变形的测量

测量位移的仪器、仪表，可根据精度及数据集的要求选用电子位移计、百分表、千分表、水准仪、经纬仪、倾角仪、全站仪、激光测距仪、直尺等。

试验中应根据试件变形测量的需要布置位移测量仪表，并由位移值计算试件的挠度、转角等变形参数。试件位移测量应符合下列规定：

（1）应在试件最大位移处及支座处布置测点；对宽度较大的试件，尚应在试件的两侧布置测点，并取测量结果的平均值作为该处的实测值；

（2）对具有边肋的单向板，除应测量边肋挠度外，还宜测量板宽中央的最大挠度；

（3）位移测量应采用仪表测读。对于试验后期变形较大的情况，可拆除仪表改用水准仪-标尺测量或采用拉线-直尺等方法测量；

（4）屋架、桁架挠度测点应布置在下弦杆跨中或最大挠度的节点位置上，需要时也可在上弦杆节点处布置测点；

（5）对屋架、桁架和具有侧向推力的结构构件，还应在跨度方向的支座两端布置水平测点，测量结构在荷载作用下沿跨度方向的水平位移。

测量试件挠度曲线时，测点布置应符合下列要求：

（1）受弯及偏心受压构件测量挠度曲线的测点应沿构件跨度方向布置，测点不应少于5 点（包括测量支座沉降和变形的测点在内），对于跨度大于 6m 的构件，测点数量还宜适当增加；

（2）双向板、空间薄壳结构测量挠度曲线的测点应沿 2 个跨度或主曲率方向布置，且任一方向的测点数（包括测量支座沉降和变形的测点在内）不应少于 5 点；

（3）屋架、桁架量挠度曲线的测点应沿跨度方向在各下弦节点处布置。

6.4.2.2　应变的测量

（1）截面应变测量

对受弯构件应在弯矩最大的截面上沿截面高度布置测点，同一截面上的应变测点数目一般不得少于 2 个，也不得少于待测应力的种类数；当需要测量沿截面高度的应变分布规律时，布置测点数不宜少于 5 个。应变计的标距方向应与构件法向一致。

（2）平面应变的测量

处于平面应力状态的结构，不仅需要知道应力的大小，还要知道应力的方向，需采用平面应变的测量方法。

平面应变的测点布置，根据构件受力的具体情况而定。对于受弯构件中正应力和剪应力共同作用的区域，截面形状不规则或有突变的部位，这些部位的正应力和剪应力的大小和方向均未知，测定其平面应变时，可按一定的坐标系均匀布置测点，每个测点按三个方向的应变进行测量。

进行平面应变测量，应充分利用结构的对称性布点，不仅可以节省应变片，还减少了测试工作和分析工作。对于开孔的薄腹梁或薄壁容器等，其孔边上的边界主应力方向已知，故测量时可沿孔边切线方向布点。若荷载和结构均对称，则在对称轴上的应力方向已知，且其剪应力为零，则其中一个主应力沿对称轴作用，另一主应力与对称轴垂直。

6.4.3　测量数据整理

试验记录应在试验现场完成，关键性数据宜实时进行分析判断。现场试验记录的数据、文字、图表应真实、清晰、整洁，不得任意涂改。结构试验的原始记录应有记录人签名，并宜包括下列内容：

（1）钢材材料力学性能的检测结果；

（2）试件形状、尺寸的测量与外观质量的观察检查记录；

（3）试验加载过程的现象观察描述；

（4）试验过程中仪表测读数据记录及裂缝草图；

（5）试件变形、屈服、承载力极限等临界状态的描述；

（6）试件破坏过程及破坏形态的描述；

（7）试验影像记录。

6.4.4　原始记录

原始记录可参考附录 37。

测量数据包括在准备阶段和正式试验阶段采集到的全部数据，其中一部分是对试验起控制作用的数据，如最大挠度控制点、最大侧向位移控制点、控制截面上的钢材应变屈服点等。这类起控制作用的参数应在试验过程中随时整理，以便指导整个试验过程。其他测试数据的整理分析工作，应在试验后进行。

对实测数据进行整理，一般均应算出各级荷载作用下仪表读数的递增值和累计值，必要时还应进行换算和修正，然后用曲线或图表表达。

在原始记录数据整理过程中，应特别注意读数及读数差值的异常情况，如仪表指示值与理论计算值相差很大，甚至出现正负号颠倒的情况，这时应对这些现象进行分析，并判断其原因所在。一般可能的原因有两个：可能是由于受检结构本身发生裂缝、节点松动、支座沉降或局部应力达到屈服而引起数据突变；也可能是由于测试仪表工作不正常造成的。凡不属于差错或主观造成的仪表读数突变都不能轻易舍弃，待分析时再作处理。

将在各级荷载作用下取得的读数，按一定坐标系绘制成曲线。这样看起来一目了然，既能充分表达其内在规律，也有助于进一步用统计方法找出数学表达式。

适当选择坐标系将有助于确切地表达试验结果。直角坐标系只能表示两个变量间的关系。有时会遇到因变量不止两个的情况，这时可采用"无量纲变量"来表达。

选择试验曲线时，尽可能用比较简单的曲线形式，并应使曲线通过较多的试验点，或曲线两边的点数相差不多。一般靠近坐标系中间的数据点可靠性更好些，两端的数据可靠性稍差些。常用试验曲线有：

（1）荷载-变形曲线

荷载-变形曲线有结构构件的整体变形曲线、控制节点或截面上的荷载转角曲线、铰支座和滑动支座的荷载侧移曲线、荷载-时间曲线、荷载-挠度曲线等。荷载-变形曲线能够充分反映结构实际工作的全过程及基本性质，在整体结构的挠度曲线以及支座侧移图中都会有相应显示。变形时间曲线，则表明结构在某一恒定荷载作用下变形随时间的增长规律。变形稳定的用时与结构材料及结构形式等有关，如果变形不能稳定，说明结构有问题，具体情况应作进一步分析。

（2）荷载-应变曲线

钢筋混凝土受弯构件试验，要测定控制截面上的内力变化及其与荷载的关系、主筋的荷载-应变及箍筋应力（应变）和剪力的关系等。

根据检验的结构类型、荷载性质及变形特点等，还可绘制其他的特征曲线，如超静定结构的荷载反力曲线、某些特定节点上的局部挤压和滑移曲线等。

6.5　结构性能评定

由于依据的标准、检验的任务和目的的不同，试验结果的分析和评定方式也有所不同。

6.5.1　结构构件适用性检验

结构构件适用性检验应进行正常使用极限状态的评定和结构适用性的评定。

（1）结构构件的正常使用极限状态应以国家现行有关标准限定的位移、变形和裂缝宽度等为基准进行评定；

（2）结构构件的适用性应以装饰装修、围护结构、管线设施未受到影响以及使用者的感受为基准进行评定。

6.5.2　结构荷载系数或构件系数的实荷检验

对于构件承载力的荷载系数或构件系数的实荷检验，当出现下列情况之一时，判定其承载能力不足：

（1）钢构件的实测应变接近屈服应变；

（2）钢构件变形明显超出计算分析值；

（3）钢构件出现局部失稳迹象；

（4）其他接近构件极限状态的标志。

6.5.3　结构综合系数的实际结构检验

进行综合系数的实际结构检验，当遇到下列情况之一时，应采取卸荷措施，并应将此时的检验荷载作为构件承载力的评定值：

（1）钢材的实测应变接近屈服应变；

（2）构件的位移或变形明显超过分析预期值；

（3）构件等出现屈曲的迹象；

（4）钢构件出现局部失稳迹象。

结构构件在目标荷载检验后满足下列要求时，可评价结构构件具有承受综合系数荷载的能力：

（1）达到检验目标荷载时，实测应变与钢材的屈服应变有明显的差距；

（2）构件的变形处于弹性阶段；

（3）构件没有屈曲的迹象；

（4）构件没有局部失稳的迹象；

（5）构件没有超出预期的裂缝；

（6）构件材料没有破坏的迹象；

（7）卸荷后无明显的残余变形。

6.6　检测报告

结构性能荷载检测报告包括以下内容：

试验概况，试验背景、试验目的、构件名称、试验日期、试验单位、试验人员和记录编号等；

试验方案，试件设计（选取）、加载设备及加载方式、测量方案；

试验记录，加载程序、仪表读数、试验现象的数据、文字、图像及视频资料；

结果分析，试验数据的整理，试验现象及受力机理的初步分析；

试验结论，根据试验及结果分析得出的判断及结论。

检测报告应准确全面，应满足试验目的和试验方案的要求，试验数据的数字修约应满足运算规则，计算精度应数符合相应的要求，检测报告中的图表应准确、清晰，必要时还应进行试验参数与试验结果的误差分析。

试验记录及检测报告应分类整理，妥善存档保管。

第 7 章

金属屋面

7.1 术语与定义

金属屋面：由金属面板与支承体系组成，与主体结构连接但不分担主体结构所受作用且与水平面夹角小于 75°的建筑围护结构。

压型金属板屋面：压型金属板通过固定支架、紧固件与支承结构连接的屋面、墙面系统。

抗风掀：又称为抗风揭，金属屋面抵抗由于风荷载产生的向上作用力的能力。

动态压力：试件表面所受到的具有周期性作用的波动压力差。

压力差：试件表面受到的压力与大气压力之间的差值，当压力高于大气压力时，压力差为正压，反之为负压。

7.2 检测依据

（1）国家标准《钢结构工程施工质量验收标准》GB 50205—2020。

（2）国家标准《压型金属板工程应用技术规范》GB 50896—2013。

（3）国家标准《金属屋面抗风掀性能检测方法 第 1 部分：静态压力法》GB/T 39794.1—2021。

（4）国家标准《金属屋面抗风掀性能检测方法 第 2 部分：动态压力法》GB/T 39794.2—2021。

（5）行业标准《采光顶与金属屋面技术规程》JGJ 255—2012。

（6）地方标准《强风易发多发地区金属屋面技术规程》DBJ/T 15—148—2018。

7.3 检测方法

7.3.1 静态压力法

7.3.1.1 检测原理

利用检测装置，向金属屋面（试件）施加稳定的压力并维持预先设定的压力等级（压力差）一段时间后再泄压，逐级加压直至金属屋面发生破坏现象时，以前一压力等级作为金属屋面的最高抗风掀压力等级。

7.3.1.2 检测装置

检测装置由压力箱、供风装置、压力测量装置等组成（图 7.3-1）。

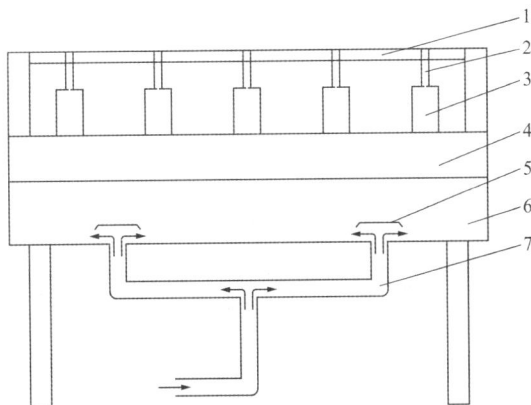

图 7.3-1　检测装置示意图

1—金属板；2—固定座；3—檩条；4—样品框架；5—挡板；6—压力箱；7—气管

压力箱能够在金属屋面（试件）的底部施加压力并维持预先设定的压力等级。压力箱尺寸不应小于 7.3m×3.7m，它由 200mm 宽的钢管构成周边结构，最小厚度 4.8mm 的保护钢板构成底部结构，150mm 宽的钢梁以 0.6m 的间隔，在平行于压力箱边长为 7.3m 的方向排列，放置在压力箱的中间。压力箱底部的保护钢板与下方的钢梁点焊在一起，并与周边内侧的槽钢焊在一起。将样品框架固定在压力箱的上方，并密封。其他形状、尺寸、材质的压力箱若能牢固支撑样品框架，也可使用。

供风装置由气源和带有支管构造的直径为 100mm 的管路构成。在压力箱底部，穿过底部钢板，分布着 4 个等间距的进气口。气源宜采用涡轮增压装置，该装置可以产生至少 17m³/min 流量的气体。也可使用其他能达到所需压力的气源或具有相同能力的装置。

压力箱底部开孔用于连接压力计，采用充液压力计，直接读出压力值，精度为 0.1kPa。也可使用其他满足精度的装置。

7.3.1.3　试件与安装

1）试件

（1）安装的金属屋面（试件）应具有代表性，且与工程实际相符；

（2）屋面组件可包括檩条、金属板、采光板、平板、隔气材料、保温材料、屋面覆盖物和所有相关的固定件等。试件应至少覆盖 3 个全幅金属板。检测一个试件。

2）试件安装

（1）试件安装应按产品说明书或安装指导书的要求进行。

（2）将结构件（如檩条）安装至样品框架上，固定座固定至结构件（如檩条）上，然后铺设金属板。安装金属板前，可用厚度不小于 0.15mm 的聚乙烯膜，在平行于金属板长度方向上打褶后放置在结构件上，使气压均匀地作用于金属板的底部。将尺寸大于固定座的薄三元乙丙橡胶片（或类似材料）放置在薄膜和固定座之间，用固定件穿过橡胶片，把固定座固定在结构上。

（3）用于固定固定座、金属板、屋面覆盖材料、屋面保温材料和其他用于结构或屋面板部件的所有固定件应根据要求安装，并且不破坏任何部件。固定件应穿透结构或板，并达到推荐的最小钻入长度。所有胶粘剂均应根据制造商提供的施工方法使用。

（4）金属板安装完成后，对板缝进行咬合。屋面系统通常含有保温材料等构造层，当该构造层不影响抗风掀性能时，检测过程中可不安装该构造层。

7.3.1.4 检测步骤

（1）试验环境条件为（25±15）℃。

（2）将样品框架和压力箱牢固连接。安装完成后，在设备的四周用夹子将装有试件的样品框架固定在压力箱上。在试验过程中若产生空气泄漏，可在相关部位再增加夹子，并夹紧。

（3）检查压力计和压力箱之间连接管是否堵塞，将供风装置和压力测量装置连接到压力箱上。

（4）启动风机并达到稳定，加压速率为（0.07±0.05）kPa/s，控制进入的空气量直至压力等级达到0.7kPa。随后保持压力，同时检查四周夹子，确保压力箱漏气量最小。保持该压力等级60s后，排出空气直至使压力箱内外压差降为0。检查样品有无永久变形，并确认符合检测结果7.3.1.5节第3）条的规定，再按（5）逐级加压。

（5）保持（0.07±0.05）kPa/s的加压速率达到下一个压力等级，若不能保持该上升速率达到下一个压力等级，应使每个压力等级间的上升速率保持均匀，在每个压力等级应保持压力60s。在保持60s压力后，排出空气直至0。再次检查样品有无永久变形，并确认符合检测结果7.3.1.5节第3）条的规定，重复测试程序，每次增加的压力差为0.7kPa，如图7.3-2所示。

（6）按（5）进行试验直至试件破坏，或无法达到更高的压力等级，或达到委托方要求的压力值。若不符合检测结果7.3.1.5节第3）条的规定或未能在压力等级保持60s，试验终止。

（7）试验完成后，检查并记录试件全部不符合检测结果7.3.1.5节第3）条的规定的现象。

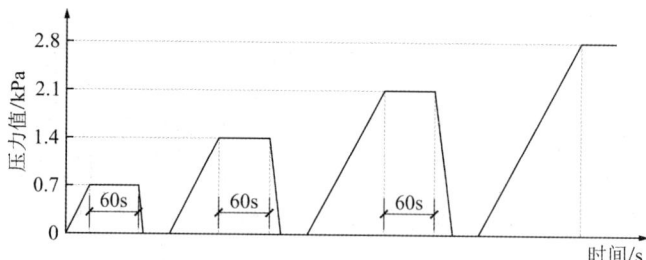

图7.3-2 加压程序示意图

7.3.1.5 检测结果

1）检测结果以0.7kPa倍数对应的压力值表示，或以满足客户委托的压力值表示。

2）最高抗风掀压力等级应满足：金属屋面达到该压力等级并保持60s，且在达到最高压力等级一半压力时没有产生永久变形，并符合检测结果下一条的规定。特殊材料或部件（如采光板）如果用于屋面系统中，也应达到同样的抗风掀压力等级。

3）金属屋面在该压力等级保持60s不发生破坏，并满足下列要求：

（1）所有固定件和固定座位应可靠地钻入或穿透檩条，用固定件和固定座固定或穿透屋面板或其他结构基层；金属板、固定座、压条、缝或基层处无拔出、移出、分离；所有固定件无断裂、分离或破坏。

（2）所有屋面板应在整个检测过程中，维持其结构的完整；任何固定部位相对于样品框架无脱落、分离和松动；所有屋面板无破裂、裂开、裂纹、断裂以及固定件脱落。

4）检测结果报告应包括达到的最高抗风掀压力等级、样品结构描述、安装信息及说明。

7.3.2 动态压力法

7.3.2.1 检测原理

利用供风设备，向金属屋面下部压力箱充气形成稳定的正压，同时对金属屋面上部压力箱抽气，并通过控制装置产生周期性的波动负压，对金属屋面模拟风荷载向上作用的合力，以此检测金属屋面抗风掀的能力。

7.3.2.2 检测装置

（1）检测装置由上部压力箱、下部压力箱、安装框架、供风设备、压力控制装置、压力测量装置、位移测量装置等组成，如图 7.3-3 所示。

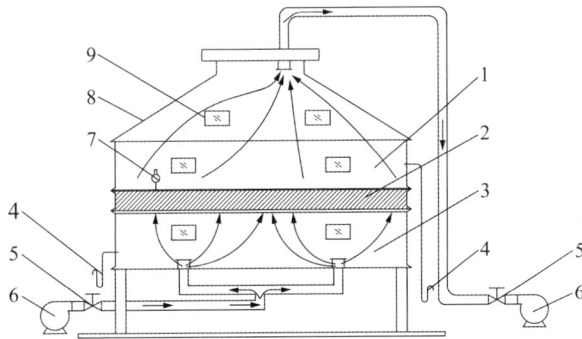

图 7.3-3 检测装置示意图

1—上部压力箱；2—试件及安装框架；3—下部压力箱；4—压力测量装置；5—压力控制装置；
6—供风设备；7—位移测量装置；8—集流罩；9—观察窗

（2）上、下部压力箱的开口尺寸应能满足试件安装的要求，且不应小于 3.05m×3.05m。压力箱的强度应能满足检测要求。压力箱的四周应安装观察窗，内部应装有照明装置。压力箱风口处应安装气流挡板。

（3）下部压力箱应有独立的供风设备。供风设备应具备施加指定压力差的能力，静态压力控制装置应能调节出稳定的气流，动态压力控制装置应能调节出周期性的波动风压，波动风压的波峰值、波谷值应满足检测要求，且供风和压力控制能力应满足 7.3.2.4 节的要求。

（4）上部压力箱的集流罩侧面与水平方向夹角为 30°±2°，顶板尺寸为 (610±10)mm×(610±10)mm，并预留出风口。

（5）安装框架应具有足够的刚度和强度。

（6）上部压力箱的总测压管由分布在箱体内部的 5 根独立的测压管汇集而成，测压管为内径 6mm 的铜管，其中 4 根测压管为对角分布，每根测压管与箱体底部的夹角为 45°，且距离箱体边角 1000mm，第 5 根测压管位于上部箱体中心，所有测压管端头位于箱体底部表面 180mm 处。

（7）下部压力箱的总测压管同样由分布在箱体内部的 5 根独立的测压管汇集而成，测压管为内径 6mm 的铜管，其中 4 根测压管为对角分布，每根测压管与箱体底部的夹角为 45°，且距离箱体边角 1000mm，第 5 根测压管布置于下部箱体中心，所有测压管端头位于箱体底部表面 180mm 处。

（8）差压传感器精度应达到示值的 1%，测量响应速度应满足波动加压测量的要求；位移计的精度应达到满量程的 0.25%。

7.3.2.3　试件与安装

1）试件应具有代表性，且与工程实际相符。压型金属板屋面宽度应至少覆盖 3 个跨距和 5 个面板宽度及其支承体系。其他金属屋面应至少包括一个受力单元。

2）试件材料、规格和型号等应与生产厂家所提供图样一致，试件安装应符合设计要求；受力状况应和实际情况相符，不应加设任何特殊附件或采取其他附加措施。

3）试件与压力箱之间应可靠安装，并进行有效密封。试件与压力箱的连接和密封不应约束试件变形。对于单层压型金属板屋面，应使用厚度不大于 15mm 的塑料薄膜密闭后再进行检测。

4）塑料薄膜密封方法如下：

对于金属屋面接缝通气较大导致无法达到指定压力的情况，应使用塑料薄膜进行密封，并通过塑料薄膜向金属屋面传递荷载。使用塑料薄膜对金属屋面密封时，塑料薄膜不应对金属屋面移动产生约束作用。且应避免无法将荷载传递至金属屋面的情况，如图 7.3-4（a）所示。塑料薄膜的正确密封应使其与金属屋面面板充分接触，且在支座与腹板处预留裙皱，确保金属屋面直立缝或肋部受到风压作用，如图 7.3-4（b）所示。（注：塑料薄膜不应对金属屋面的边部移动产生约束）

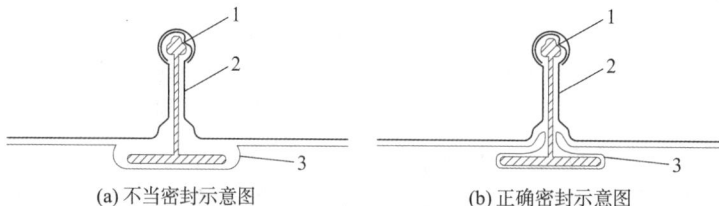

(a) 不当密封示意图　　　　　　　(b) 正确密封示意图

图 7.3-4　塑料薄膜密封示意图

1—T 形支座；2—腹板；3—塑料膜

7.3.2.4　检测步骤

1）检测前准备

（1）最大检测压力差值可按以下情况分配：

①最大检测压力差值不应小于风荷载设计值。

②根据工程实际确定金属屋面上、下表面压力差，正压与负压最大值的绝对值之和应等于最大检测压力差值。

③正压最大值宜为最大检测压力差值的 15%，负压最大值宜为最大检测压力差值的85%。

④对于无法确定试件风荷载设计值的情况，可通过《金属屋面抗风掀性能检测方法 第 1 部分：静态压力法》GB/T 39794.1—2021 检测得出试件极限承载风压，以此压力的二分之一作为最大检测压力值。试件安装完毕，经检查符合设计图样要求后方可进行检测。

（2）宜对檩条等主要受力杆件和面板等可能发生较大位移的部位加装位移计，用于测量检测前后变形量。在测试过程中位移计的安装支架应牢固，并保证位移的测量不受试件及其支承设施变形、移动的影响。

（3）试件安装完毕，经检查符合设计图样要求后才能进行检测。

（4）检测时应采取适当的安全措施。

2）检测程序

对试件下部压力箱施加稳定正压，同时向上部压力箱施加波动的负压。待下部箱体压力稳定，且上部箱体波动压力达到对应值后，开始记录波动次数。波动负压范围应为负压最大值乘以其对应阶段的比例系数，波动负压范围和波动次数应符合表 7.3-1 及图 7.3-5 的规定。波动压力差周期为（10±2）s，如图 7.3-6 所示。观察并记录试件出现损坏的压力阶段、状况和部位，并对损坏部位进行拍照。

波动加压要求　　　　　　　　　　　　　　　　　　　　表 7.3-1

阶段	波动加压要求							
第一阶段	加压顺序	1	2	3	4	5	6	7	8
	比例系数/%	0～12.5	0～25.0	0～37.5	0～50.0	12.5～25.0	12.5～37.5	12.5～50.0	25.0～50.0
	循环次数	400	700	200	50	400	400	25	25
第二阶段	加压顺序	1	2	3	4	5	6	7	8
	比例系数/%	0	0～31.2	0～46.9	0～62.5	0	15.6～46.9	15.6～62.5	31.2～62.5
	循环次数	0	500	150	50	0	350	25	25
第三阶段	加压顺序	1	2	3	4	5	6	7	8
	比例系数/%	0	0～37.5	0～56.2	0～75.0	0	18.8～56.2	18.8～75.0	37.5～75.0
	循环次数	0	250	150	50	0	300	25	25
第四阶段	加压顺序	1	2	3	4	5	6	7	8
	比例系数/%	0	0～43.8	0～65.6	0～87.5	0	21.9～65.6	21.9～87.5	43.8～87.5
	循环次数	0	250	100	50	0	50	25	25
第五阶段	加压顺序	1	2	3	4	5	6	7	8
	比例系数/%	0	0～50.0	0～75.0	0～100.0	0	0	25.0～100.0	50.0～100.0
	循环次数	0	200	100	50	0	0	25	25

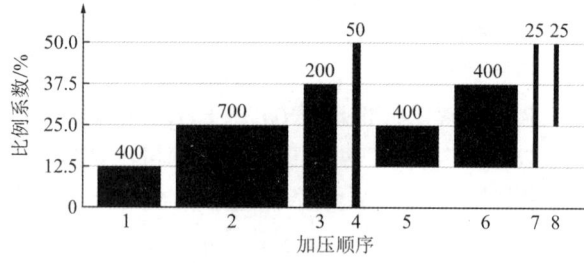

(a)第一阶段

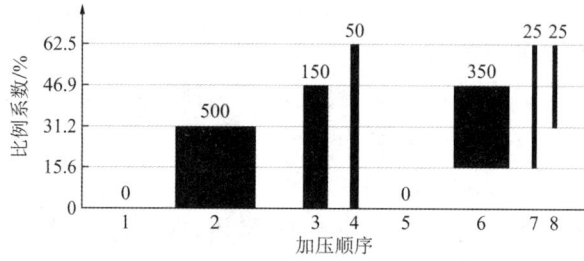

(b)第二阶段

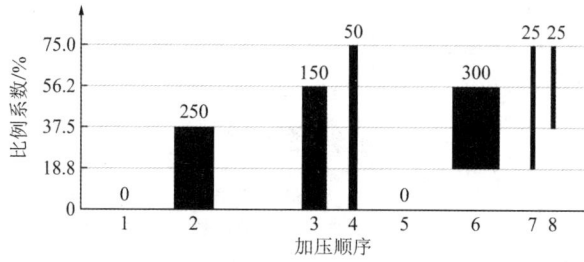

(c)第三阶段

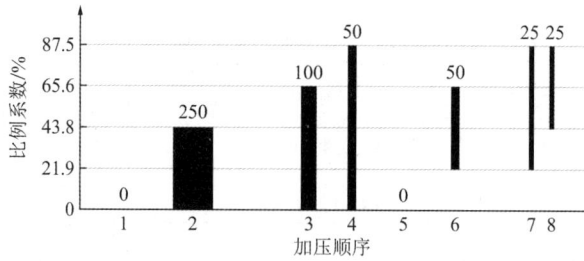

(d)第四阶段

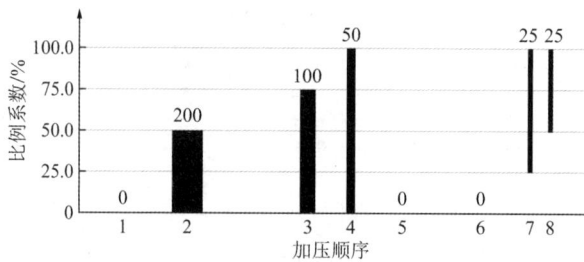

(e)第五阶段

图 7.3-5　波动加压顺序示意图

（图中标注数字为循环次数）

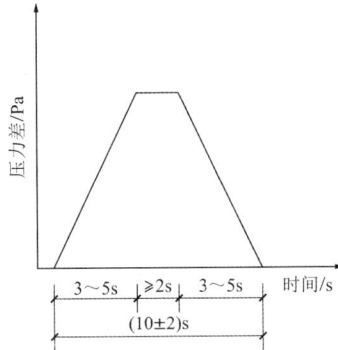

图 7.3-6　一个周期波动压力示意图

7.3.2.5　检测结果

在整个检测过程中，试件应保持结构完整。在设定的最大检测压力差下，未出现以下情况，视为试验通过，如果发生以下任一情况，终止检测：

（1）试件与安装框架的连接部分发生松动和脱离；

（2）面板与支承体系的连接失效；

（3）试件面板产生裂纹或分离；

（4）其他部件发生断裂、分离以及贯穿性开口。

7.4　检测案例分析

某工程位于广东省广州市，该项目依据《金属屋面抗风掀性能检测方法　第 1 部分：静态压力法》GB/T 39794.1—2021 和《金属屋面抗风掀性能检测方法　第 2 部分：动态压力法》GB/T 39794.2—2021 等相关规范，对金属屋面做抗风掀性能检测。样品信息及检验结论见表 7.4-1，检验结果见表 7.4-2～表 7.4-4，测点布置见图 7.4-1，测试照片见图 7.4-2。

样品信息及检验结论　　　　　　　　　　　　　　　　　表 7.4-1

检验依据	《金属屋面抗风掀性能检测方法　第 1 部分：静态压力法》GB/T 39794.1—2021 《金属屋面抗风掀性能检测方法　第 2 部分：动态压力法》GB/T 39794.2—2021
检验项目	抗风掀性能
检验仪器	建筑幕墙综合物理性能检测系统，数字温湿度大气压力表，钢卷尺
试件说明	抗风掀性能设计指标：风荷载标准值−3200Pa，风荷载设计值−4480Pa，抗风掀压力值−6400Pa 试件特征：金属屋面试件尺寸（宽×高）：9000mm×6000mm 主杆型材：主檩条，250mm×150mm×8mm 镀锌钢矩管，厚度：8mm 　　　　　次檩条，80mm×60mm×4mm 镀锌钢矩管，厚度：4mm 嵌板材料：铝镁锰直立锁边屋面板，厚度：0.9mm TPO 防水卷材（增强型），厚度：1.5mm 耐候胶：MF889 主要配件：夹具
检验结论	抗风掀性能（动态压力加载法）：风荷载设计值−4480Pa，试件状态正常，未发生损坏 静态压力加载法：风荷载标准值−3200Pa，抗风掀压力值−6400Pa 抗风掀系数 $K=2.0$ 满足工程设计指标

动态压力加载法检测结果 1

表 7.4-2

动态压力加载法：风荷载设计值−4480Pa								
上部最大压力：−3808Pa；下部稳定压力：672Pa								

测试阶段	上部波动加压（施加负向压力）								
	加压顺序	1	2	3	4	5	6	7	8
阶段一	压力波谷/Pa	0	0	0	0	−476	−476	−476	−952
	压力波峰/Pa	−476	−952	−1428	−1904	−952	−1428	−1904	−1904
	循环次数	400	700	200	50	400	400	25	25

检测结果：试件状态正常，未发生损坏

测试阶段	上部波动加压（施加负向压力）								
	加压顺序	1	2	3	4	5	6	7	8
阶段二	压力波谷/Pa	0	0	0	0	0	−594	−594	−1188
	压力波峰/Pa	0	−1188	−1786	−2380	0	−1786	−2380	−2380
	循环次数	0	500	150	50	0	350	25	25

检测结果：试件状态正常，未发生损坏

测试阶段	上部波动加压（施加负向压力）								
	加压顺序	1	2	3	4	5	6	7	8
阶段三	压力波谷/Pa	0	0	0	0	0	−716	−716	−1428
	压力波峰/Pa	0	−1428	−2140	−2856	0	−2140	−2856	−2856
	循环次数	0	250	150	50	0	300	25	25

检测结果：试件状态正常，未发生损坏

测试阶段	上部波动加压（施加负向压力）								
	加压顺序	1	2	3	4	5	6	7	8
阶段四	压力波谷/Pa	0	0	0	0	0	−834	−834	−1668
	压力波峰/Pa	0	−1668	−2498	−3332	0	−2498	−3332	−3332
	循环次数	0	250	100	50	0	50	25	25

检测结果：试件状态正常，未发生损坏

测试阶段	上部波动加压（施加负向压力）								
	加压顺序	1	2	3	4	5	6	7	8
阶段五	压力波谷/Pa	0	0	0	0	0	0	−952	−1904
	压力波峰/Pa	0	−1904	−2856	−3808	0	0	−3808	−3808
	循环次数	0	200	100	50	0	0	25	25

检测结果：试件状态正常，未发生损坏

动态压力加载法检测结果 2　　　　　表 7.4-3

测试阶段	检测压力/Pa		各阶段位移变形值/mm		
			檩条测点（测点跨距：2780mm）		
	上部	下部	4	5	6
阶段一	−1904	672	43.00	38.18	23.55
阶段二	−2340	672	50.86	45.66	27.70
阶段三	−2856	672	59.79	53.84	32.08
阶段四	−3332	672	69.06	62.19	37.03
阶段五	−3808	672	77.35	69.65	41.48

静态压力加载法检测结果　　　　　表 7.4-4

静态压力加载法：风荷载标准值−3200Pa，抗风掀压力值−6400Pa
抗风揭系数$K = -6400Pa/-3200Pa = 2.0$
检测结果：试件状态正常，未发生损坏

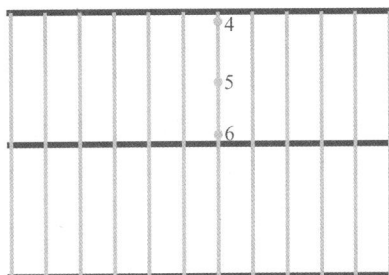

图 7.4-1　构件测点布置示意图

图 7.4-2　现场试件测试照片

7.5 原始记录

现场检测作业时填写原始记录表，可参考附录 38。

7.6 初步检测报告

为使各方及时掌握检测结果，及时发现可能存在的金属屋面质量问题，及时处理，避免延误工期，应相关方要求可出具初步检测报告。金属屋面抗风掀检测的初步检测报告应至少包括项目名称、委托单位、检测日期、检测方法、检测结论等，初步检测报告可参考附录 39。

7.7 检测报告

7.7.1 静态压力法

金属屋面抗风掀性能静态压力检测报告应包括以下内容：
（1）金属屋面试件的名称、系列、型号、主要尺寸及图样（包括试件平面、剖面和主要节点，型材和密封条的截面、试件的支承体系，主要受力构件的尺寸和五金件的种类、数量以及位置，面板的品种、厚度、最大尺寸和安装方法，附件的名称、材质和配置）；
（2）执行标准；
（3）检测用的主要装置；
（4）实验室的温度；
（5）破坏方式和部位（附图片）；
（6）对检测方法所做的修改；
（7）检测日期和检测人员；
（8）检测结果。

7.7.2 动态压力法

金属屋面抗风掀性能动态压力检测报告应包括以下内容：
（1）金属屋面试件的名称、系列、型号、主要尺寸及图样（包括试件平面、剖面和主要节点，试件的支承体系，主要受力构件的尺寸和五金件的种类、数量以及位置）；
（2）面板的品种、厚度、最大尺寸和安装方法；
（3）密封材料的材质和牌号；
（4）附件的名称、材质和配置；
（5）风荷载设计值、最大检测压力差、变形量、波动次数；
（6）最大检测压力差或出现损坏的压力差；
（7）损坏的状况和部位（附图片）；

（8）检测用的主要仪器设备；

（9）检测室的温度和大气压力；

（10）对试件所做的修改；

（11）检测日期和检测人员。

附录

附录1 钢焊缝尺寸检测记录

钢焊缝尺寸检测记录

记录编号：   第   页/共   页

工程名称				检测日期	
样品名称		规格/mm		材　质	
接头类型		焊接方式		坡口形式	
焊缝等级		表面状态		观测条件	
标　准		使用仪器		仪器型号	

序号	样品编号	检测长度/mm	检测部位	缺陷状态 类型	缺陷状态 规格	结论	备注
1				余高			
				错边			

无损检测示意图：

备注：

校核：   检测：

附录 2　钢焊缝尺寸检测报告

钢焊缝尺寸检测报告

共　1　页/第　1　页

委托单位：＿＿＿＿＿＿＿＿＿＿＿＿＿＿＿　检测单位：＿＿＿＿＿＿＿＿＿＿＿＿＿＿＿

报告日期：＿＿＿＿＿＿＿＿＿＿＿＿＿＿＿　报告编号：＿＿＿＿＿＿＿＿＿＿＿＿＿＿＿

工程名称				检测日期	
样品名称		规格/mm		材　质	
接头类型		焊接方式		坡口形式	
焊缝等级		表面状态		观测条件	
标　准		使用仪器		仪器型号	

序号	样品编号	检测长度/mm	检测部位	缺陷状态		结论	备注
				类型	规格		
1				余高			
				错边			

无损检测示意图：

备注：

注：1. 未经本公司书面批准，不得部分复制检测报告（完整复制除外）。

　　2. 本公司地址：

　　3. 本报告未使用专用防伪纸无效。

批准：　　　　　　审核：　　　　　　检测：

附录3 钢焊缝目视检测记录

钢焊缝目视检测记录

记录编号：   第   页/共   页

工程名称				检测日期	
样品名称		规格/mm		材　　质	
接头类型		焊接方式		坡口形式	
焊缝等级		表面状态		观测条件	
标　　准		使用仪器		仪器型号	

序号	样品编号	检测长度/mm	外观质量				结论	备注
			检测项目	缺陷描述	检测项目	缺陷描述		
1			裂纹		电弧擦伤			
			未焊满		接头不良			
			根部收缩		表面气孔			
			咬边		表面夹渣			

无损检测示意图：

备注：

校核：   检测：

附录4 钢焊缝目视检测报告

钢焊缝目视检测报告

共　　页/第　　页

委托单位：_____　　检测单位：_____

报告日期：_____　　报告编号：_____

工程名称				检测日期	
样品名称		规格/mm		材　质	
接头类型		焊接方式		坡口形式	
焊缝等级		表面状态		观测条件	
标　准		使用仪器		仪器型号	

序号	样品编号	检测长度/mm	外观质量				结论	备注
			检测项目	缺陷描述	检测项目	缺陷描述		
1			裂纹		电弧擦伤			
			未焊满		接头不良			
			根部收缩		表面气孔			
			咬边		表面夹渣			

无损检测示意图：

备注：

注：1. 未经本公司书面批准，不得部分复制检测报告（完整复制除外）。

2. 本公司地址：×××。

3. 本报告未使用专用防伪纸无效。

批准：　　　　　　　审核：　　　　　　　检测：

附录5 磁粉检测记录

磁粉检测记录
（封页）

记录编号：　　　　　检测日期：　　　　　　　　　　第　页/共　页

工程名称		检测前仪器状况	
检测依据		检测后仪器状况	
构件名称		检测时机	
母材材质		提升力	
焊接方法		探伤面状态	
接头形式		磁化电流种类	
观察条件		磁化方法	
磁粉种类		磁化方向	
磁粉粒度		磁化时间	
合格级别		磁粉施加方法	
仪器编号		灵敏度试片	
探伤部位简图			

校核：　　　　　　　　　检测：

磁粉检测记录

记录编号：　　　　　　　　　　　　第　页/共　页

序号	检测编号	规格/厚度	缺陷类型	缺陷描述	评定等级	备注

校核：　　　　　　　　　检测：

附录6 磁粉初步检测报告

磁粉初步检测结果：
检测快报

工程名称： _____

合同编号： _____

委托单位： _____

编　　号： _____

编写日期： _____ 年　　月　　日 _____

根据本中心检测数据，对检测内容作出如下初步评价：

□见附页材料；

□检测合格项（部位）：

□检测不合格项（部位）：

□存在问题，正在论证项（部位）：

声明：1. 本检测快报仅供委托方施工参考，最后结论以正式报告为准。

　　　2. 本检测快报不得作为竣工验收材料。

　　　3. 本检测快报共×页（附页盖骑缝章方为有效）。

编　　写：　　　　　　　　　　　　　　审　核：

磁粉检测报告

工程名称					
工件名称		材　　质		接头类型	
焊接方式		检测面状况		检测时机	
检验标准		合格级别		灵敏度试片	
设备型号		提升力		表面状态	
磁粉种类		磁粉粒度		磁液浓度	
磁化方法		磁化电流		磁化时间	
磁化方向		磁粉施加方法		观察条件	

检验结果：
1. 于××年××月××日对××工程××部位进行磁粉检测，具体构件编号或部位为：××，经检测，未发现应记录显示或发现××显示。
2. 检测结果：合格/不合格。
3. 详细结果情况见正式报告。

附录 7　磁粉检测报告

×××工程

钢结构焊缝磁粉检测报告

检测人员：_____

报告编写：_____

校　　核：_____

审　　核：_____

批准（职务）：_____

声明：1. 本报告总页数×页。

　　　2. 本检测报告涂改、换页无效。

　　　3. 如对本检测报告有异议，可向本检测中心书面提请复议。

　　　4. 检测单位名称与检测报告专用章不符的无效。

　　　5. 未经检测中心书面批准，不得复制本中心检测报告（完整复制除外）。

　　　6. 本报告未使用专用防伪纸无效。

×××检测有限公司

××年××月××日

地址：　　　　　　　　　　　　邮政编码：

电话：　　　　　　　　　　　　联系人：

工程概况

工程名称	
工程地点	
建设单位	
设计单位	
施工单位	
监理单位	
质量监督站	
委托单位	
焊缝等级	
焊接方式	
焊缝类型	
探伤比例	
检测方法	磁粉检测
检测日期	

备注：

钢结构焊缝磁粉探伤结果

工程名称					
工件名称		材　质		接头类型	
焊接方式		检测面状况		检测时机	
检验标准		合格级别		灵敏度试片	
设备型号		提升力		表面状态	
磁粉种类		磁粉粒度		磁液浓度	
磁化方法		磁化电流		磁化时间	
磁化方向		磁粉施加方法		观察条件	
检验结果：					

钢结构焊缝磁粉检测结果评定表

工件名称						
序号	检测编号	缺陷磁痕		质量评定等级	结论	备注
		缺陷类型	缺陷描述			

无损检测示意图

附录8 渗透检测记录

渗透检测记录

（封页）

记录编号：　　　　　　检测日期：　　　　　　　　　　第　页/共　页

工程名称		检测时机	
工件名称		预清洗情况	
材　　质		渗透液型号	
规格或厚度		清洗剂型号	
表面状况		显像剂型号	
检测区域		渗透液施加方法	
执行标准		渗透时间	
标准试片		显像时间	
验收水平		后清洗要求	
图示或简要说明			

校核：　　　　　　　　　　　　检测：

渗透检测记录

记录编号：　　　　　　　　　　　　　　　　　第　页/共　页

工件名称						
序号	部位编号	规格/厚度	显示评定		验收水平	备注
			显示类型	具体描述		

校核：　　　　　　　　　　　　检测：

附录 9　渗透初步检测报告

检测快报

工程名称：_____

合同编号：_____

委托单位：_____

编　　号：_____

编写日期：_____ 年　　月　　日_____

根据本中心检测数据，对检测内容作出如下初步评价：

□见附页材料；

□检测合格项（部位）：

□检测不合格项（部位）：

□存在问题，正在论证项（部位）：

声明：1. 本检测快报仅供委托方施工参考，最后结论以正式报告为准。

　　　2. 本检测快报不得作为竣工验收材料。

　　　3. 本检测快报共×页（附页盖骑缝章方为有效）。

编　　写：　　　　　　　　　　　　审　核：

渗透探伤报告

工程名称		工件名称	
规格/厚度/mm		清洗剂型号	
检测方法		渗透液型号	
材料		显像剂型号	
表面状态		清洗方法	
检测区域		渗透液施加方法	
标准或规程		渗透时间	
标准试片		显像剂施加方法	
质量等级		显像时间	
合格级别		环境温度	
检测比例		后清洗要求	

探伤结果说明：
1. 于××年××月××日对××工程××部位进行渗透检测，具体构件编号或部位为：××，经检测，未发现应记录显示或发现××显示。
2. 检测结果：合格/不合格。
3. 详细结果情况见正式报告。

附录 10　渗透检测报告

某工程
钢焊缝渗透探伤报告

检测人员：＿＿＿＿＿＿＿＿＿＿＿＿＿＿＿＿＿＿＿＿＿＿＿＿＿＿＿＿＿＿

报告编写：＿＿＿＿＿＿＿＿＿＿＿＿＿＿＿＿＿＿＿＿＿＿＿＿＿＿＿＿＿＿

校　　核：＿＿＿＿＿＿＿＿＿＿＿＿＿＿＿＿＿＿＿＿＿＿＿＿＿＿＿＿＿＿

审　　核：＿＿＿＿＿＿＿＿＿＿＿＿＿＿＿＿＿＿＿＿＿＿＿＿＿＿＿＿＿＿

批准（职务）：＿＿＿＿＿＿＿＿＿＿＿＿＿＿＿＿＿＿＿＿＿＿＿＿＿＿＿＿

声明：1. 本报告总页数×页。

　　　2. 本检测报告涂改、换页无效。

　　　3. 如对本检测报告有异议，可向本检测中心书面提请复议。

　　　4. 检测单位名称与检测报告专用章不符的无效。

　　　5. 未经检测中心书面批准，不得复制本中心检测报告（完整复制除外）。

　　　6. 本报告未使用专用防伪纸无效。

×××检测有限公司

××年××月××日

地址：　　　　　　　　　　　　　　邮政编码：

电话：　　　　　　　　　　　　　　联系人：

工程概况

工程名称	
工程地点	
建设单位	
设计单位	
施工单位	
监理单位	
质量监督站	
委托单位	
焊缝等级	
焊接方式	
焊缝类型	
探伤比例	
检测方法	渗透探伤
检测日期	
备注：	

渗透探伤报告

工程名称		工件名称	
规格/厚度/mm		清洗剂型号	
检测方法		渗透液型号	
材料		显像剂型号	
表面状态		清洗方法	
检测区域		渗透液施加方法	
标准或规程		渗透时间	
标准试片		显像剂施加方法	
质量等级		显像时间	
合格级别		环境温度	
检测比例		后清洗要求	
探伤结果说明：			

渗透探伤结果评定表

工件名称						
序号	检测编号	显示评定		返修次数	结果评定	备注
		显示类型	长度/mm			

无损检测示意图

附录 11　钢结构超声检测记录

钢结构超声检测记录

（封页）

记录编号：　　　　　　检测日期：　　　　　　　　　第　　页/共　　页

仪器信息			
仪器编号		试块	
耦合剂		探头规格	
扫描调节		斜探头折射角（K值）测试值/（标称值）	
表面补偿		斜探头入射点偏差值/（测试值/标称值）	
探伤灵敏度/dB		检测前仪器整体评价	
工程信息			
工程名称		构件名称	
母材材质		焊接方法	
接头形式		检测面	
检测依据		合格级别	
检测比例		检测时机	
耦合剂		探伤面状态	
其他说明			
说明简图或文字简述：			

校核：　　　　　　　　　　　　检测：

钢结构超声检测记录

记录编号：　　　　　　构件位置：　　　　　　　　　第　　页/共　　页

序号	焊缝编号	接头母材厚度	显示情况	探伤长度/mm	缺陷指示长度/mm	缺陷深度/mm	波幅	评定等级	备注
1			NI　RI　UI						
2			NI　RI　UI						

校核：　　　　　　　　　　　　检测：

附录12 超声初步检测报告

检测快报

工程名称：_____

合同编号：_____

委托单位：_____

编　　号：_____

编写日期：_____ 年　　月　　日 _____

根据本中心检测数据，对检测内容作出如下初步评价：

□见附页材料；

□检测合格项（部位）：

□检测不合格项（部位）：

□存在问题，正在论证项（部位）：

声明：1. 本检测快报仅供委托方施工参考，最后结论以正式报告为准。

　　　2. 本检测快报不得作为竣工验收材料。

　　　3. 本检测快报共 × 页（附页盖骑缝章方为有效）。

编　写：　　　　　　　　　　　审　核：

钢焊缝超声波探伤检测快报

工程名称				部件名称	
规格/厚度/mm				材　质	
接头类型		焊接方式		坡口形式	
焊缝等级		表面状态		检测方式	
标　准		检测级别		合格级别	
检验区域		扫查区域		耦合剂	
探伤仪型号		探头型号		探头K值	
试块型号		耦合补偿		检测灵敏度	

探伤结果说明：
1. 于××年××月××日对××工程××部位进行超声检测，具体构件编号或部位为：××，经检测，未发现应记录显示或发现××显示。
2. 检测结果：合格/不合格。
3. 详细结果情况见正式报告。

附录 13　超声检测报告

××工程
钢焊缝超声波探伤报告

检测人员：_____

报告编写：_____

校　　核：_____

审　　核：_____

批准（职务）：_____

声明：1. 本报告总页数×页。

　　　2. 本检测报告涂改、换页无效。

　　　3. 如对本检测报告有异议，可向本检测中心书面提请复议。

　　　4. 检测单位名称与检测报告专用章不符的无效。

　　　5. 未经检测中心书面批准，不得复制本中心检测报告（完整复制除外）。

　　　6. 本报告未使用专用防伪纸无效。

×××检测有限公司
××年××月××日

地址：　　　　　　　　　　　　邮政编码：

电话：　　　　　　　　　　　　联系人：

工程概况

工程名称	
工程地点	
建设单位	
设计单位	
施工单位	
监理单位	
质量监督站	
委托单位	
焊缝等级	
焊接方式	
焊缝类型	
探伤比例/数量	
检测方法	超声波探伤
检测日期	

备注：

钢焊缝超声波探伤结果

工程名称				部件名称	
规格/厚度/mm				材　　质	
接头类型		焊接方式		坡口形式	
焊缝等级		表面状态		检测方式	
标准		检测级别		合格级别	
检验区域		扫查区域		耦合剂	
探伤仪型号		探头型号		探头K值	
试块型号		耦合补偿		检测灵敏度	
探伤结果说明：					

钢焊缝超声波探伤结果评定表

工件名称								
序号	检测编号	探伤长度/mm	缺陷状态			评定级别	结论	备注
			长度/mm	深度/mm	波幅			

无损检测示意图

附录14 钢结构射线检测记录

钢结构射线检测记录

（封页）

记录编号：　　　　　　　检测日期：　　　　　　　　　　　　第　　页/共　　页

工程名称		部件名称	
焊接方法		坡口形式	
材　　质		表面状态	
射线机型号		焦点尺寸	
透照技术等级		透照方式	
焦　　距		管电压	
管电流		曝光时间	
胶片类型		增感屏材质、厚度	
透照长度		显影温度	
定影温度		显影时间	
定影时间		像质计型号	
执行标准		合格级别	
检测部位示意图（或检测说明）：			

复评：　　　　　　　　　　　　　　　　　初评：

钢结构射线检测记录

记录编号：　　　　　　　　　　　　　　　　　　第　　页/共　　页

序号	底片编号	规格/厚度/mm	底片黑度	像质计数值	缺陷显示情况	评定等级	备注

复评：　　　　　　　　　　　　　　　　　初评：

附录 15 射线初步检测报告

检测快报

工程名称：_____

合同编号：_____

委托单位：_____

编　　号：_____

编写日期：_____ 年　　月　　日 _____

根据本中心检测数据，对检测内容作出如下初步评价：

□见附页材料；

□检测合格项（部位）：

□检测不合格项（部位）：

□存在问题，正在论证项（部位）：

声明：1. 本检测快报仅供委托方施工参考，最后结论以正式报告为准。

　　　2. 本检测快报不得作为竣工验收材料。

　　　3. 本检测快报共×页（附页盖骑缝章方为有效）。

编　　写：　　　　　　　　　　　　审　核：

钢结构焊缝 X 射线检测报告

工程名称				工件名称	
材料		板厚/mm		焊接方法	
仪器型号		胶片类型		照相等级	
增感方式		透照方式		焦距	
管电压		管电流		曝光时间	
有效透照长度		验收标准		合格级别	

检验结果（说明或图示）：
1. 于××年××月××日对××工程××部位进行超声检测，具体构件编号或部位为：××，经检测，未发现应记录显示或发现××显示。
2. 检测结果：合格/不合格。
3. 详细结果情况见正式报告。

附录16 射线检测报告

某工程

钢焊缝射线探伤报告

检测人员：_____

报告编写：_____

校   核：_____

审   核：_____

批准（职务）：_____

声明：1. 本报告总页数×页。

    2. 本检测报告涂改、换页无效。

    3. 如对本检测报告有异议，可向本检测中心书面提请复议。

    4. 检测单位名称与检测报告专用章不符的无效。

    5. 未经检测中心书面批准，不得复制本中心检测报告（完整复制除外）。

    6. 本报告未使用专用防伪纸无效。

×××检测有限公司

××年××月××日

地址：   邮政编码：

电话：   联系人：

工程概况

工程名称			
工程地点			
建设单位			
设计单位			
施工单位			
监理单位			
质量监督站			
委托单位			
焊缝等级		焊接方式	
焊缝类型		探伤数量	
检测方法		检测日期	
备注:			

钢结构焊缝 X 射线检测报告

工程名称				工件名称	
材料		板厚/mm		焊接方法	
仪器型号		胶片类型		照相等级	
增感方式		透照方式		焦距	
管电压		管电流		曝光时间	
有效透照长度		验收标准		合格级别	
检验结果（说明或图示）：					

X 射线底片评定表

工件名称							
序号	底片号	黑度	像质指数	缺陷性质、数量	评定等级	结果	备注

无损检测示意图

附录 17 防腐涂层检测原始记录

钢结构防腐涂层厚度检测记录

记录编号：_____ 检测日期：　　　年　　月　　日

工程名称：_____ 检测依据：_____

设计要求：_____ 检测地点：_____

仪器编号：_____ 试　　片：_____

第　　页/共　　页

序号	构件编号	涂层厚度值/μm										结论	备注
		测点 1		测点 2		测点 3		测点 4		测点 5			
		单个值	平均值	单个值	平均值	单个值	平均值	单个值	平均值	单个值	平均值		
1													
2													

校核：　　　　　　　　　　　　　　　检测：

附录18 防火涂层检测原始记录

钢结构防火涂层（厚涂型/薄涂型）厚度检测原始记录

记录编号：_____ 检测日期： 年 月 日

工程名称：_____ 检测依据：_____

设计要求：_____ 检测地点：_____

仪器编号：_____ 试 片：_____

第 页/共 页

防火涂装截面形式及测点示意：

序号	构件编号	截面位置1		截面位置2		截面位置3		截面位置4		截面位置5		备注
		测点值	平均值	测点值	平均值	测点值	平均值	测点值	平均值	测点值	平均值	
1		1		1		1		1		1		
		2		2		2		2		2		
		3		3		3		3		3		
		4		4		4		4		4		
备注	1. 单位 mm/μm； 2. 设计要求厚度：_____。											

校核： 检测：

附录 19 防腐涂层检测初步报告

初步检测结果

工程名称：_____

合同编号：_____

委托单位：_____

编　　号：_____

编写日期：_____

根据本中心检测数据，对检测内容作出如下初步评价：

□见附页材料；

□检测合格项（部位）：

□检测不合格项（部位）：

□存在问题，正在论证项（部位）：

声明：1. 本初步检测结果仅供委托方施工参考，最后结论以正式报告为准。

　　　2. 本初步检测结果不得作为竣工验收材料。

　　　3. 本初步检测结果共 2 页（附页盖骑缝章方为有效）。

编　写：　　　　　　　　　　　审　核：

钢结构涂层测厚初步结果

工程名称		
建设单位		
检测方法	钢结构涂层测厚	
涂料类型	钢结构防腐涂层干漆膜测厚	
	耐火极限	
	厚度要求	

检测初步结果说明：
    1. 初步结果说明。
    2. 以上抽检的部位均达到要求，合格。
    3. 具体的详细结果见检测报告。

附录 20 防火涂层初步检测报告

初步检测结果

工程名称：_____

合同编号：_____

委托单位：_____

编　　号：_____

编写日期：_____

根据本中心检测数据，对检测内容作出如下初步评价：

□见附页材料；

□检测合格项（部位）：

□检测不合格项（部位）：

□存在问题，正在论证项（部位）：

声明：1. 本初步检测结果仅供委托方施工参考，最后结论以正式报告为准。

　　　2. 本初步检测结果不得作为竣工验收材料。

　　　3. 本初步检测结果共　页（附页盖骑缝章方为有效）。

编　写：　　　　　　　　　　　　审　核：

钢结构涂层测厚初步结果

工程名称		
建设单位		
检测方法	钢结构防火涂层测厚	
涂料类型	钢结构涂层干漆膜测厚（防火）	
	耐火极限	
	厚度要求	

检测初步结果说明：

    1. 仅供初步结果使用。

    2. 以上抽检的部位均达到要求，合格。

    3. 具体的详细结果见检测报告。

附录21 防腐涂层检测报告

××工程

钢结构涂层厚度检测报告

检测人员：_____

报告编写：_____

校　　核：_____

审　　核：_____

批准（职务）：_____

声明：1. 本报告总页数××页。

　　　2. 本检测报告涂改、换页无效。

　　　3. 如对本检测报告有异议，可向本中心书面提请复议。

　　　4. 检测单位名称与检测报告专用章不符的无效。

　　　5. 未经本中心书面批准，不得复制本中心检测报告（完整复制除外）。

　　　6. 本报告未使用专用防伪纸无效。

××检测有限公司

××年××月××日

地址：　　　　　　　　　　　　邮政编码：

电话：　　　　　　　　　　　　联系人：

工程概况

工程名称	
工程地点	
建设单位	
设计单位	
施工单位	
监理单位	
质量监督站	
委托单位	
检测方法	

防火等级		防火时间	
涂料类型		检测数量	
检测比例		检测日期	

备注:
　　1. 抽检钢柱×根、钢梁×根,对其防腐涂装体系干漆膜厚度进行检测。
　　2. 防腐涂装体系干漆膜厚度设计要求。
　　3. 构件编号说明。

钢结构涂层厚度检测报告

工程名称						部件名称		
检测地点						涂装种类		
仪器型号			设计要求			检验标准		
序号	构件编号	涂层厚度值/μm					结论	备注
		测点 1	测点 2	测点 3	测点 4	测点 5		
1								
2								
3								
4								
5								

无损检测示意图

附录22　防火涂层检测报告

××工程
钢结构涂层厚度检测报告

检测人员：_____

报告编写：_____

校　　核：_____

审　　核：_____

批准（职务）：_____

声明：1. 本报告总页数××页。

　　　2. 本检测报告涂改、换页无效。

　　　3. 如对本检测报告有异议，可向本中心书面提请复议。

　　　4. 检测单位名称与检测报告专用章不符的无效。

　　　5. 未经本中心书面批准，不得复制本中心检测报告（完整复制除外）。

　　　6. 本报告未使用专用防伪纸无效。

××检测有限公司

××年××月××日

地址：　　　　　　　　　　　　邮政编码：

电话：　　　　　　　　　　　　联系人：

工程概况

工程名称	
工程地点	
建设单位	
设计单位	
施工单位	
监理单位	
质量监督站	
委托单位	
检测方法	钢结构防火涂层干漆膜测厚

防火等级		防火时间	
涂料类型		检测数量	
检测比例		检测日期	

备注：
  1. 本次检测按构件数量×%进行抽检，共抽检×根钢梁，对其进行防火涂层厚度检测。
  2. 防火涂层设计要求。
  3. 构件编号说明。

钢结构涂层厚度检测报告

工程名称					部件名称	
检测地点					涂装种类	
仪器型号			设计要求		检验标准	

序号	构件编号	涂层厚度值/μm					结论	备注
		截面1	截面2	截面3	截面4	截面5		
1								
2								
3								
4								
5								

无损检测示意图

附录 23 钢结构防火涂料检测报告

防火涂料检验报告

委托单位：_____ 报告编号：_____

工程名称：_____

工程部位：_____ 检验类别：_____

监督登记号：_____ 评定依据：_____

见证单位：_____ 见证人：_____

送样日期：_____ 检验日期：_____ 报告日期：_____

样品信息				
样品编号			生产厂家	
样品名称			比　　例	
代表数量			类　　别	
检测结果				
检测项目	检测依据	技术指标	实测值	单项评定
容器中状态				
干燥时间（表干）/h				
粘结强度/MPa				
抗压强度/MPa				
结论				
备注				

注：1. 若对报告有异议，应于收到报告之日起 15 日内，以书面形式向本公司提出，逾期视为对报告无异议；

　　2. 未经本公司书面批准，不得部分复制检测报告（完整复制除外）；

　　3. 本公司地址：_____；电话：_____。

批准：　　　　　　　　审核：　　　　　　　　检验：

附录24 附着力检测（划格法/栅格法）原始记录

钢结构涂层附着力检测（划格法/栅格法）原始记录

记录编号：　　　　　　　　　检测日期：　　　　　　　　　　　　　　　第　　页/共　　页

工程名称		底材及涂层	
检测地点		检测依据	
气候条件		胶带型号	
仪器型号		合格要求	

构件编号	试验图示	试验情况			结论	备注
		涂层厚度	切割间距	结果描述		
	贴胶带或照片处					
	贴胶带或照片处					
	贴胶带或照片处					

校核：　　　　　　　　　　　　　　　　检测：

附录 25 附着力检测（拉力试验）原始记录

钢结构涂层附着力（拉力试验）检测记录

记录编号： 检测日期： 第 页/共 页

工程名称		检测地点	
温度/相对湿度		检验标准	
仪器型号		试柱直径	
粘结剂		涂层类型	
基材类型		设计要求	
拉力试验结果			
构件编号		涂层厚度及描述	

序号	断裂值/MPa 或 kN	断裂平面的评估结果/%				
		底材与底漆	底漆与中间漆	中间漆与面漆	面漆与胶粘剂	胶粘剂与试柱
1						
2						
3						
备注						

校核： 检测：

附录26 涂层附着力划格法检测报告

涂层附着力（划格法）检测报告

共　　页/第　　页

委托单位：_____　检测单位：_____

报告日期：_____　报告编号：_____

工程名称				检测日期	
样品名称		试验仪器		胶带类型	
标准		基材类型		涂层类型	
环境条件		合格指标			

序号	检测单元编号	试验情况			结论	备注
		涂层厚度/μm	试验条件	结果描述		

无损检测示意图：

备注：试验条件：1.0～60μm，硬底材，划格间距1mm；2.0～60μm，软底材，划格间距2mm；3.61～120μm，硬或软底材，划格间距2mm；4.121～250μm，硬或软底材，划格间距3mm。

注：1. 未经本中心书面批准，不得部分复制检测报告（完整复制除外）。

　　2. 本中心地址：　　　　　　　　　　；电话：　　　　　　　。

　　3. 本报告未使用专用防伪纸无效。

批准：　　　　　　审核：　　　　　　检测：

附录 27　涂层附着力拉拔法初步检测报告

涂层附着力（拉拔法）检测报告

共　　页/第　　页

委托单位：_____　　检测单位：_____

报告日期：_____　　报告编号：_____

工程名称								检测日期		
样品名称			设计要求					涂层类型		
标准			仪器型号					温度/相对湿度		
粘结剂			基材类型					试柱直径		
序号	检测单元编号	断裂值/MPa		断裂平面的评估结果/%					结论	备注
		实测值	平均值	A	B	C	D	E		
无损检测示意图：										

备注：断裂平面的评估结果：A 表示基材与底漆间、B 表示底漆中间漆间、C 中间漆与面漆间、D 表示面漆与粘结剂间、E 粘结剂与试柱间。

注：1. 未经本中心书面批准，不得部分复制检测报告（完整复制除外）。

　　2. 本中心地址：　　　　　　　　　　　　；电话：　　　　　　　　　。

　　3. 本报告未使用专用防伪纸无效。

批准：　　　　　　　　审核：　　　　　　　　检测：

附录28 紧固件力学性能检验报告

紧固件力学性能检验报告

委托单位：_____ 报告编号：_____

工程名称：_____

工程部位：_____ 检验类别：_____

监督登记号：_____ 评定依据：_____

见证单位：_____ 见证人：_____

送样日期：_____ 检验日期：_____ 报告日期：_____

样品信息			
样品编号		样品名称	
螺栓规格/mm		性能等级	
螺纹方式		炉号（批号）	
生产厂家		代表批量	
检测结果			
检测项目	检测依据	技术要求	实测值	单项评定
最小拉力荷载	GB/T 3098.1—2010			
结论				
备注				

注：1. 若对报告有异议，应于收到报告之日起 20 日内，以书面形式向本公司提出，逾期视为对报告无异议；

    2. 未经本公司书面批准，不得部分复制本检验报告（完全复制除外）；

    3. 本公司地址：_____；电话：_____。

批准：   审核：   检验：

附录 29　构件截面尺寸检测原始记录

构件截面尺寸检测原始记录

××××工程检测有限公司

检测编号：

合同编号		检测依据	□GB 50205—2020　□其他：		
工程名称		工程地点			
仪器型号及唯一性编号		检测日期			
序号	构件名称及轴线位置	设计尺寸/mm	实测尺寸/mm		
			1	2	3

检测：　　　　　　　　记录：　　　　　　　　校核：

附录 30　构件弯曲矢高检测原始记录

构件弯曲矢高检测原始记录

××××工程检测有限公司

检测编号：

合同编号		检测依据	□GB 50205—2020　□其他：
工程名称		工程地点	
仪器型号及唯一性编号		检测日期	
序号	构件名称及轴线位置	测量长度/mm	弯曲变形最大值/mm	弯曲变形方向

检测：　　　　　　　　记录：　　　　　　　　校核：

附录 31　构件轴线位置检测记录

构件轴线位置检测原始记录

××××工程检测有限公司

检测编号：

合同编号		检测依据	□GB 50205—2020　□其他：		
工程名称		工程地点			
仪器型号及唯一性编号		检测日期			
序号	构件名称及轴线位置	偏移方向X	偏移量x/mm	偏移方向Y	偏移量y/mm

检测：　　　　　　　　记录：　　　　　　　　　　校核：

附录 32　构件垂直度检测记录

构件垂直度检测原始记录

××××工程检测有限公司

检测编号：

合同编号		检测依据	□GB 50205—2020　□其他：
工程名称		工程地点	
仪器型号及唯一性编号		检测日期	
序号	构件名称及轴线位置	测量长度/mm	倾斜方向	倾斜值/mm

检测：　　　　　　　　记录：　　　　　　　　　　校核：

附录 33 钢构件截面尺寸初步检测报告

钢构件截面尺寸检测报告

共　　页/第　　页

委托单位：_____　　报告编号：_____

工程名称：_____　　检测日期：_____

检测依据：_____　　报告日期：_____

序号	构件名称及轴线位置	设计尺寸/mm	实测尺寸/mm	尺寸偏差/mm
说明				

注：1. 未经本公司书面批准，不得部分复制检测报告（完整复制除外）。

　　2. 本公司地址：

　　3. 本报告未使用专用防伪纸无效。

批准：　　　　　　　　审核：　　　　　　　　检测：

附录 34　钢构件弯曲矢高初步检测报告

钢构件弯曲矢高检测报告

共　　　页/第　　　页

委托单位：＿＿＿＿＿＿＿＿＿＿＿＿＿＿＿＿　　报告编号：＿＿＿＿＿＿＿＿＿＿＿＿＿＿＿＿

工程名称：＿＿＿＿＿＿＿＿＿＿＿＿＿＿＿＿　　检测日期：＿＿＿＿＿＿＿＿＿＿＿＿＿＿＿＿

检测依据：＿＿＿＿＿＿＿＿＿＿＿＿＿＿＿＿　　报告日期：＿＿＿＿＿＿＿＿＿＿＿＿＿＿＿＿

序号	构件名称及轴线位置	测量长度/mm	弯曲矢高/mm	弯曲变形方向
说明				

注：1. 未经本公司书面批准，不得部分复制检测报告（完整复制除外）。

2. 本公司地址：

3. 本报告未使用专用防伪纸无效。

批准：　　　　　　　　审核：　　　　　　　　　　检测：

附录 35 钢构件轴线位置初步检测报告

钢构件轴线位置检测报告

共　　页/第　　页

委托单位：_____　报告编号：_____

工程名称：_____　检测日期：_____

检测依据：_____　报告日期：_____

序号	构件名称及轴线位置	偏移方向X	偏移量x/mm	偏移方向Y	偏移量y/mm
说明					

注：1. 未经本公司书面批准，不得部分复制检测报告（完整复制除外）。

　　2. 本公司地址：

　　3. 本报告未使用专用防伪纸无效。

批准：　　　　　　　　审核：　　　　　　　　检测：

附录 36 钢构件垂直度初步检测报告

钢构件垂直度检测报告

共　　页/第　　页

委托单位: _____ 报告编号: _____

工程名称: _____ 检测日期: _____

检测依据: _____ 报告日期: _____

序号	构件名称及轴线位置	测量长度/mm	倾斜方向	垂直度/mm
说明				

注: 1. 未经本公司书面批准, 不得部分复制检测报告 (完整复制除外)。

　　2. 本公司地址:

　　3. 本报告未使用专用防伪纸无效。

批准:　　　　　　　　审核:　　　　　　　　　　检测:

附录 37　楼板试验挠度检测记录

楼板试验挠度检测原始记录

工程名称				工程地点			构件类别		
仪器型号及唯一性编号									
天气情况				测量单位			检测日期		
测点		一（仪表编号：　）		二（仪表编号：　）		三（仪表编号：　）		四（仪表编号：　）	五（仪表编号：　）

荷载/（kN/m²）	时间	读数	□沉降□赫兹	读数	□沉降□赫兹	读数	□沉降□赫兹	读数	□沉降□赫兹	读数	□沉降□赫兹	备注

检测：　　　　　　　　　　　　　校核：

附录 38　金属抗风掀检测原始记录表

金属抗风掀检测原始记录表

工程名称：＿＿＿＿＿＿＿＿＿＿＿＿＿＿＿＿＿＿＿＿＿＿＿＿＿＿＿＿＿＿＿＿＿＿

样品编号：＿＿＿＿＿＿＿＿＿＿＿＿＿＿＿　　检测日期：＿＿＿＿＿＿＿＿＿＿＿＿＿＿＿

测试系统编号			数字温湿度大气压力表		
钢卷尺编号					
位移传感器对应编号					
检评依据					
检测状态	环境温度		环境气压		箱体编号

测试流程：

1. 动态压力法：风荷载设计值：＿＿＿＿＿＿＿＿＿Pa

上部最大压力：＿＿＿＿＿＿＿＿＿Pa；下部稳定压力：＿＿＿＿＿＿＿＿＿Pa

测试阶段	上部波动加压（施加负向压力，压力差值单位：Pa）							
	加压顺序							
阶段一	压力波谷							
	压力波峰							
	循环次数							

检测结果：＿＿＿＿＿＿＿＿＿＿＿＿＿＿＿＿＿＿＿＿＿＿＿＿＿＿＿＿＿＿＿＿＿＿＿＿＿

测试阶段	上部波动加压（施加负向压力，压力差值单位：Pa）							
	加压顺序							
阶段二	压力波谷							
	压力波峰							
	循环次数							

检测结果：＿＿＿＿＿＿＿＿＿＿＿＿＿＿＿＿＿＿＿＿＿＿＿＿＿＿＿＿＿＿＿＿＿＿＿＿＿

测试阶段	上部波动加压（施加负向压力，压力差值单位：Pa）								
	加压顺序								
阶段三	压力波谷								
	压力波峰								
	循环次数								

检测结果：_____

测试阶段	上部波动加压（施加负向压力，压力差值单位：Pa）								
	加压顺序								
阶段四	压力波谷								
	压力波峰								
	循环次数								

检测结果：_____

测试阶段	上部波动加压（施加负向压力，压力差值单位：Pa）								
	加压顺序								
阶段五	压力波谷								
	压力波峰								
	循环次数								

检测结果：_____

各阶段位移变形值：（变形单位：mm）

测试阶段	检测压力/Pa		下层次檩（测点跨距：2780mm）		
阶段一					
阶段二					
阶段三					
阶段四					
阶段五					

2. 静态压力法：风荷载标准值_____Pa，抗风掀压力值_____Pa

抗风掀系数

检测结果：_____

3. 检验图表

附录 39　金属抗风掀检测报告

记录编号：　　　　　　　　　　　　　　　　　　　　　　　第　　页/共　　页

抗风掀检测报告

委托单位			
工程名称		样品编号	
设计单位		委托日期	
施工单位		检验日期	
试件名称		试件数量	
检验性质		工程地点	
见证信息			
检验依据			
检验项目			
检验仪器			
检验结论	抗风掀性能： 动态压力加载法：风荷载设计值＿＿＿＿＿Pa，试件状态正常/不正常，（未）发生损坏。 静态压力加载法：风荷载标准值＿＿＿＿＿Pa，抗风掀压力值＿＿＿＿＿Pa。 抗风掀系数$K = $＿＿＿＿＿ 满足/不满足工程设计指标。 报告日期：　　　年　　月　　日		
备注			

批准：　　　　　　　　审核：　　　　　　　　主检：

联系人：　　　　　　　　　　　　　　　　　电话：

参考文献

[1] 中华人民共和国住房和城乡建设部. 钢结构通用规范: GB 55006—2021[S]. 北京: 中国建筑工业出版社, 2021.

[2] 中华人民共和国住房和城乡建设部. 建筑结构荷载规范: GB 50009—2012[S]. 北京: 中国建筑工业出版社, 2012.

[3] 中华人民共和国住房和城乡建设部. 钢结构设计标准: GB 50017—2017[S]. 北京: 中国建筑工业出版社, 2017.

[4] 中华人民共和国住房和城乡建设部. 工程结构可靠性设计统一标准: GB 50153—2008[S]. 北京: 中国计划出版社, 2008.

[5] 中华人民共和国住房和城乡建设部. 钢结构工程施工质量验收标准: GB 50205—2020[S]. 北京: 中国计划出版社, 2020.

[6] 中华人民共和国住房和城乡建设部. 给水排水管道工程施工及验收规范: GB 50268—2008[S]. 北京: 中国建筑工业出版社, 2009.

[7] 中华人民共和国住房和城乡建设部, 国家市场监督管理总局. 建筑结构检测技术标准: GB/T 50344—2019[S]. 北京: 中国建筑工业出版社, 2020.

[8] 中华人民共和国住房和城乡建设部. 钢结构现场检测技术标准: GB/T 50621—2010[S]. 北京: 中国建筑工业出版社, 2011.

[9] 中华人民共和国住房和城乡建设部. 钢结构焊接规范: GB 50661—2011[S]. 北京: 中国建筑工业出版社, 2012.

[10] 中华人民共和国住房和城乡建设部. 压型金属板工程应用技术规范: GB 50896—2013[S]. 北京: 中国计划出版社, 2014.

[11] 中华人民共和国住房和城乡建设部. 高耸与复杂钢结构检测与鉴定标准: GB 51008—2016[S]. 北京: 中国计划出版社, 2016.

[12] 国家市场监督管理总局, 国家标准化管理委员会. 金属材料 拉伸试验 第 1 部分: 室温试验方法: GB/T 228.1—2021[S]. 北京: 中国标准出版社, 2021.

[13] 国家市场监督管理总局, 国家标准化管理委员会. 金属材料 夏比摆锤冲击试验方法: GB/T 229—2020[S]. 北京: 中国标准出版社, 2020.

[14] 国家市场监督管理总局, 中国国家标准化管理委员会. 金属材料 洛氏硬度试验 第 1 部分: 试验方法: GB/T 230.1—2018[S]. 北京: 中国标准出版社, 2018.

[15] 国家市场监督管理总局, 中国国家标准化管理委员会. 金属材料 布氏硬度试验 第 1 部分: 试验方法: GB/T 231.1—2018[S]. 北京: 中国标准出版社, 2018.

[16] 中华人民共和国国家质量监督检验检疫总局, 中国国家标准化管理委员会. 金属材料 弯曲试验方法: GB/T 232—2024[S]. 北京: 中国标准出版社, 2024.

[17] 中华人民共和国国家质量监督检验检疫总局, 中国国家标准化管理委员会. 不锈钢焊条: GB/T 983—2012[S]. 北京: 中国标准出版社, 2013.

[18] 中华人民共和国国家质量监督检验检疫总局, 中国国家标准化管理委员会. 钢结构用高强度大六角头螺栓连接副: GB/T 1231—2024[S]. 北京: 中国标准出版社, 2024.

[19] 中华人民共和国国家质量监督检验检疫总局, 中国国家标准化管理委员会. 紧固件机械性能 螺栓、螺钉和螺柱: GB/T 3098.1—2010[S]. 北京: 中国标准出版社, 2011.

[20] 国家市场监督管理总局, 国家标准化管理委员会. 焊缝无损检测 射线检测 第 1 部分: X 和伽玛射线的胶片技术: GB/T 3323.1—2019[S]. 北京: 中国标准出版社, 2019.

[21] 国家市场监督管理总局, 国家标准化管理委员会. 焊缝无损检测 射线检测 第 2 部分: 使用数字化探测器的 X 和伽玛射线技术: GB/T 3323.2—2019[S]. 北京: 中国标准出版社, 2019.

[22] 中华人民共和国国家质量监督检验检疫总局, 中国国家标准化管理委员会. 钢结构用扭剪型高强度螺栓连接副: GB/T 3632—2008[S]. 北京: 中国标准出版社, 2008.

[23] 中华人民共和国国家质量监督检验检疫总局. 铝及铝合金焊条: GB/T 3669—2001[S]. 北京: 中国标准出版社, 2002.

[24] 中华人民共和国国家质量监督检验检疫总局, 中国国家标准化管理委员会. 金属材料 维氏硬度试验 第 1 部分: 试验方法: GB/T 4340.1—2024[S]. 北京: 中国标准出版社, 2024.

[25] 国家市场监督管理总局, 国家标准化管理委员会. 金属材料 维氏硬度试验 第 4 部分: 硬度值表: GB/T 4340.4—2022[S]. 北京: 中国建筑工业出版社, 2022.

[26] 中华人民共和国国家质量监督检验检疫总局, 中国国家标准化管理委员会. 非合金钢及细晶粒钢焊条: GB/T 5117—2012[S]. 北京: 中国标准出版社, 2012.

[27] 中华人民共和国国家质量监督检验检疫总局, 中国国家标准化管理委员会. 热强钢焊条: GB/T 5118—2012[S]. 北京: 中国标准出版社, 2013.

[28] 国家质量监督检验检疫总局国家标准化管理委员. 色漆和清漆拉开法附着力试验: GB/T 5210—2006[S]. 北京: 中国标准出版社, 2007.

[29] 中华人民共和国国家质量监督检验检疫总局, 中国国家标准化管理委员会. 埋弧焊用非合金钢及细晶粒钢实心焊丝、药芯焊丝和焊丝-焊剂组合分类要求: GB/T 5293—2018[S]. 北京: 中国标准出版社, 2018.

[30] 中华人民共和国国家质量监督检验检疫总局, 中国家标准化管理委员会. 金属熔化焊接头缺欠分类及说明: GB/T 6417.1—2005[S]. 北京: 中国标准出版社, 2006.

[31] 国家市场监督管理总局, 国家标准化管理委员会. 熔化极气体保护电弧焊用非合金钢及细晶粒钢实心焊丝: GB/T 8110—2020[S]. 北京: 中国标准出版社, 2020.

[32] 国家市场监督管理总局, 国家标准化管理委员会. 色漆和清漆 划格试验: GB/T 9286—2021[S]. 北京: 中国标准出版社, 2021.

[33] 中华人民共和国国家质量监督检验检疫总局, 中国国家标准化管理委员会. 无损检测 人员资格鉴定与认证: GB/T 9445—2024[S]. 北京: 中国标准出版社, 2024.

[34] 国家市场监督管理总局, 国家国家标准化管理委员会. 非合金钢及细晶粒钢药芯焊丝: GB/T 10045—2018[S]. 北京: 中国标准出版社, 2018.

[35] 国家市场监督管理总局, 国家标准化管理委员会. 焊缝无损检测 超声检测 技术、检测等级和评定: GB/T 11345—2023[S]. 北京: 中国标准出版社, 2023.

[36] 中华人民共和国国家质量监督检验检疫总局, 中国国家标准化管理委员会. 热喷涂涂层厚度的无损测量方法: GB/T 11374—2012[S]. 北京: 中国标准出版社, 2013.

[37] 中华人民共和国国家质量监督检验检疫总局, 中国国家标准化管理委员会. 埋弧焊用热强钢实心焊丝、药芯焊丝和焊丝-焊剂组合分类要求: GB/T 12470—2018[S]. 北京: 中国标准出版社, 2018.

[38] 国家市场监督管理总局, 国家标准化管理委员会. 钢结构防火涂料: GB 14907—2018[S]. 北京: 中国标准出版社, 2018.

[39] 中华人民共和国国家质量监督检验检疫总局, 中国家标准化管理委员会. 无损检测 磁粉检测 第 1 部分: 总则: GB/T 15822.1—2024[S]. 北京: 中国标准出版社, 2024.

[40] 中华人民共和国国家质量监督检验检疫总局, 中国家标准化管理委员会. 无损检测 磁粉检测 第 2 部分: 检测介质: GB/T 15822.2—2024[S]. 北京: 中国标准出版社, 2024.

[41] 中华人民共和国国家质量监督检验检疫总局, 中国家标准化管理委员会. 无损检测 磁粉检测 第 3 部分: 设备: GB/T 15822.3—2024[S]. 北京: 中国标准出版社, 2024.

[42] 国家市场监督管理总局, 中国国家标准化管理委员会. 热强钢药芯焊丝: GB/T 17493—2018[S]. 北京: 中国标准出版社, 2018.

[43] 中华人民共和国国家质量监督检验检疫总局, 中国国家标准化管理委员会. 无损检测 渗透检测 第 1 部分: 总则: GB/T 18851.1—2024[S]. 北京: 中国标准出版社, 2024.

[44] 中华人民共和国国家质量监督检验检疫总局, 中国国家标准化管理委员会. 无损检测 渗透检测 第 2 部分: 渗透材料的检验: GB/T 18851.2—2008[S]. 北京: 中国标准出版社, 2008.

[45] 中华人民共和国国家质量监督检验检疫总局, 中国国家标准化管理委员会. 无损检测 渗透检测 第 3 部分: 参考试块: GB/T 18851.3—2008[S]. 北京: 中国标准出版社, 2008.

[46] 中华人民共和国国家质量监督检验检疫总局, 中国国家标准化管理委员会. 无损检测 渗透检测 第 4 部分: 设备: GB/T 18851.4—2005[S]. 北京: 中国标准出版社, 2005.

[47] 中华人民共和国国家质量监督检验检疫总局, 中国国家标准化管理委员会. 无损检测 渗透检测 第 5 部分: 温度高于50℃的渗透检测: GB/T 18851.5—2014[S]. 北京: 中国标准出版社, 2014.

[48] 中华人民共和国国家质量监督检验检疫总局, 中国国家标准化管理委员会. 无损检测 渗透检测 第 6 部分: 温度低于10℃的渗透检测: GB/T 18851.6—2014[S]. 北京: 中国标准出版社, 2014.

[49] 中华人民共和国国家质量监督检验检疫总局, 中国国家标准化管理委员会. 无损检测 工业射线照相胶片 第 1 部分: 工业射线照相胶片系统的分类: GB/T 19348.1—2014[S]. 北京: 中国标准出版社, 2014.

[50] 中华人民共和国国家质量监督检验检疫总局, 中国国家标准化管理委员会. 无损检测 工业射线照相观片灯 最低要求: GB/T 19802—2005[S]. 北京: 中国标准出版社, 2005.

[51] 中华人民共和国国家质量监督检验检疫总局, 中国国家标准化管理委员会. 无损检测 磁粉检测用试片: GB/T 23907—2009[S]. 北京: 中国标准出版社, 2009.

[52] 中华人民共和国国家质量监督检验检疫总局, 中国国家标准化管理委员会. 无损检测 渗透检测用试块: GB/T 23911—2009[S]. 北京: 中国标准出版社, 2009.

[53] 中华人民共和国国家质量监督检验检疫总局, 中国国家标准化管理委员会. 无损检测 工业X射线系统焦点特性 第 1 部分: 扫描方法: GB/T 25758.1—2010[S]. 北京: 中国标准出版社, 2011.

[54] 中华人民共和国国家质量监督检验检疫总局, 中国国家标准化管理委员会. 无损检测 工业X射线系统焦点特性 第 2 部分: 针孔照相机射线照相方法: GB/T 25758.2—2010[S]. 北京: 中国标准出版社, 2011.

[55] 中华人民共和国国家质量监督检验检疫总局, 中国国家标准化管理委员会. 无损检测 工业X射线系统焦点特性 第 3 部分: 狭缝照相机射线照相方法: GB/T 25758.3—2010[S]. 北京: 中国标准出版社, 2011.

[56] 中华人民共和国国家质量监督检验检疫总局, 中国国家标准化管理委员会. 无损检测 工业X射线系统焦点特性 第 4 部分: 边缘方法: GB/T 25758.4—2010[S]. 北京: 中国标准出版社, 2011.

[57] 中华人民共和国国家质量监督检验检疫总局, 中国国家标准化管理委员会. 无损检测 工业X射线

系统焦点特性 第 5 部分: 小焦点和微焦点 X 射线管的有效焦点尺寸的测量方法: GB/T 25758.5—2010[S]. 北京: 中国标准出版社, 2011.

[58] 中华人民共和国国家质量监督检验检疫总局, 中国国家标准化管理委员会. 焊缝无损检测 磁粉检测: GB/T 26951—2011[S]. 北京: 中国标准出版社, 2012.

[59] 中华人民共和国国家质量监督检验检疫总局, 中国国家标准化管理委员会. 焊缝无损检测 焊缝磁粉检测 验收等级: GB/T 26952—2011[S]. 北京: 中国标准出版社, 2012.

[60] 中华人民共和国国家质量监督检验检疫总局, 中国国家标准化管理委员会. 焊缝无损检测 焊缝渗透检测 验收等级: GB/T 26953—2011[S]. 北京: 中国标准出版社, 2012.

[61] 国家市场监督管理总局, 国家标准化管理委员会. 焊缝无损检测 超声检测 焊缝内部不连续的特征: GB/T 29711—2023[S]. 北京: 中国标准出版社, 2023.

[62] 国家市场监督管理总局, 国家标准化管理委员会. 焊缝无损检测 超声检测 验收等级: GB/T 29712—2023[S]. 北京: 中国标准出版社, 2023.

[63] 中华人民共和国国家质量监督检验检疫总局, 中国国家标准化管理委员会. 焊缝无损检测 熔焊接头目视检测: GB/T 32259—2015[S]. 北京: 中国标准出版社, 2016.

[64] 中华人民共和国国家质量监督检验检疫总局, 中国国家标准化管理委员会. 钢板栓接面抗滑移系数的测定: GB/T 34478—2017[S]. 北京: 中国标准出版社, 2017.

[65] 国家市场监督管理总局, 国家标准化管理委员会. 焊缝无损检测 射线检测验收等级 第 1 部分: 钢、镍、钛及其合金: GB/T 37910.1—2019[S]. 北京: 中国标准出版社, 2019.

[66] 国家市场监督管理总局, 国家标准化管理委员会. 焊缝无损检测 射线检测验收等级 第 2 部分: 铝及铝合金: GB/T 37910.2—2019[S]. 北京: 中国标准出版社, 2019.

[67] 国家市场监督管理总局, 国家标准化管理委员会. 金属屋面抗风掀性能检测方法 第 1 部分: 静态压力法: GB/T 39794.1—2021[S]. 北京: 中国标准出版社, 2021.

[68] 国家市场监督管理总局, 国家标准化管理委员会. 金属屋面抗风掀性能检测方法 第 2 部分: 动态压力法: GB/T 39794.2—2021[S]. 北京: 中国标准出版社, 2021.

[69] 中华人民共和国建设部. 钢结构超声波探伤及质量分级法: JG/T 203—2007[S]. 北京: 中国标准出版社, 2007.

[70] 中华人民共和国国家质量监督检验检疫总局, 中国国家标准化管理委员会. 无损检测 射线照相检测用金属增感: GB/T 23910—2009[S]. 北京: 中国标准出版社, 2009.

[71] 国家市场监督管理总局, 国家标准化管理委员会. 无损检测 渗透检测 第 2 部分: 渗透材料的检验: GB/T 18851.2—2024[S]. 北京: 中国标准出版社, 2024.

[72] 中华人民共和国工业和信息化部. 无损检测 渗透检测方法: JB/T 9218—2015[S]. 北京: 机械工业出版社, 2015.

[73] 国家能源局. 承压设备无损检测 第 5 部分: 渗透检测: NB/T 47013.5—2015[S]. 北京: 新华出版社, 2015.

[74] 中华人民共和国住房和城乡建设部. 城市桥梁工程施工与质量验收规范: CJJ 2—2008[S]. 北京: 中国建筑工业出版社, 2009.

[75] 住房和城乡建设部. 采光顶与金属屋面技术规程: JGJ 255—2012[S]. 北京: 中国建筑工业出版社, 2012.

[76] 中国工程建设标准化协会. 民用建筑钢结构检测技术规程: T/CECS 1503—2023[S]. 北京: 中国计划出版社, 2024.

[77] 中国工程建设标准化协会. 钢结构防火涂料应用技术规程: T/CECS 24—2020[S]. 北京: 中国计划出版社, 2021.

[78] 广东省住房和城乡建设厅. 强风易发多发地区金属屋面技术规程: DBJ/T 15—148—2018[S]. 中国城市出版社, 2013.

[79] 国际标准化组织. 焊接钢、镍、钛及其合金的熔焊接头(束焊除外)缺陷质量等级: ISO 5817—2023E[S].